欧姆龙PLC
编程及应用实例

✦ 周长锁 冯大志 王 旭 编著

化学工业出版社

·北京·

内容简介

本书讲述欧姆龙 CJ2M 系列 PLC 编程技术，包括欧姆龙 PLC 硬件系统、指令系统、配套软件和触摸屏的应用。在不同类型单元的应用中简单介绍了与欧姆龙 PLC 配合应用的外围元器件、传感器、仪表和电气设备，从工业控制系统的角度说明欧姆龙 PLC 和外围电路的配合应用，重点讲解了欧姆龙 PLC 通信技术，包括串口 RS-485 通信、以太网通信和物联网远程监控技术。

本书的读者对象为工业自动化领域的工程技术人员，以及企业中从事维护工作的电气、仪表和机电一体化等专业的技术人员。

图书在版编目（CIP）数据

欧姆龙 PLC 编程及应用实例 / 周长锁，冯大志，王旭编著. —北京：化学工业出版社，2021.4（2024.11重印）
ISBN 978-7-122-38529-1

Ⅰ. ①欧⋯　Ⅱ. ①周⋯　②冯⋯　③王⋯　Ⅲ. ①PLC 技术—程序设计　Ⅳ. ①TM571.61

中国版本图书馆 CIP 数据核字（2021）第 026642 号

责任编辑：高墨荣
责任校对：李雨晴　　　　　　　　　　　装帧设计：刘丽华

出版发行：化学工业出版社（北京市东城区青年湖南街 13 号　邮政编码 100011）
印　　装：北京天宇星印刷厂
787mm×1092mm　1/16　印张 15¼　字数 365 千字　2024 年 11 月北京第 1 版第 5 次印刷

购书咨询：010-64518888　　　　　　　　售后服务：010-64518899
网　　址：http://www.cip.com.cn
凡购买本书，如有缺损质量问题，本社销售中心负责调换。

定　　价：58.00 元

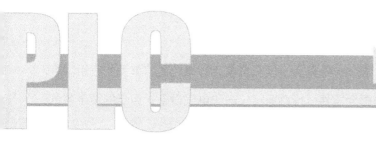

欧姆龙 PLC 的主要特点是结构紧凑,相同 I/O 点数的情况下欧姆龙 PLC 所占安装空间较小,还有个特点是不同系列的欧姆龙 PLC 都使用统一的编程软件,这样学会欧姆龙 PLC 系列中的一种编程技术,可以较快地掌握欧姆龙其他系列 PLC 的编程技术。

欧姆龙 CJ2M 系列 PLC 特点:

◆ 产品丰富、容量更大、速度更快。

◆ 多种通信端口。

◆ 设计简单、易于维护。

◆ 专业实用的控制功能。

◆ 继承、兼容 CJ1 系列 PLC。

◆ 人性化的开发环境。

传统的 PLC 控制系统较多使用开关量、模拟量单元与外围设备连接,现在则更多使用通信单元与外围设备连接,具有接线少、抗干扰能力强、能获取更多的信息等优点。欧姆龙 CJ2M 系列 PLC 串行通信单元特有的协议宏相当于是"万能"的通信协议,通过编辑可实现各种常见的通信协议,如 MODBUS 协议和西门子变频器专用的 USS 协议等。

全书共分为 9 章,各章内容安排如下。

第 1 章内容为欧姆龙 CJ 系列 PLC 硬件系统。列举了常用的电源单元、CPU 单元、I/O 控制单元、I/O 单元、通信单元以及触摸屏的规格型号、性能参数、工作原理和接线方式。

第 2 章内容为欧姆龙 PLC 指令系统。说明了常用的逻辑指令、定时器和计数器指令、比较指令、数据处理指令、浮点数运算指令、数据控制指令、串行通信指令和网络通信指令等指令的功能,并结合示例帮助理解指令的运用。

第 3 章内容为欧姆龙 PLC 配套软件使用方法。讲解了欧姆龙 PLC 编程软件 CX-Programmer、欧姆龙触摸屏编程软件 CX-Designer 和欧姆龙串口通信协议宏软件 CX-Protocol 这 3 种最基本软件的使用方法。

第 4～6 章分别是欧姆龙 PLC 基本 I/O 单元、模拟量单元和串行通信单元的应用。各章都介绍了与本单元相关的常见外围元器件、传感器、仪表和电气设备，用示例展示各单元的具体应用方法。

第 7 章内容为欧姆龙 PLC 与上位机串口通信。有上位机通过串口监控欧姆龙 PLC 示例和物联网远程监控欧姆龙 PLC 示例。

第 8 章内容为欧姆龙 PLC 网络通信单元应用。讲解了欧姆龙 PLC 之间 FINS/UDP 通信原理，欧姆龙 PLC 和上位机之间 FINS/TCP 通信原理。

第 9 章内容为综合实例。以一个较复杂的项目为实例，讲解欧姆龙 PLC 各单元的综合应用以及欧姆龙 PLC 间的协调控制。

本书由周长锁、冯大志、王旭编著。全书由周长锁编写大纲并统稿。

由于水平有限，书中不妥之处在所难免，期望广大读者批评指正。

编著者

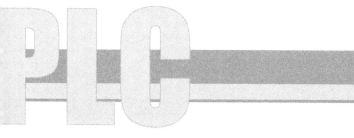

目录

▶ 第1章 欧姆龙CJ系列PLC硬件系统 / 001

1.1 欧姆龙PLC控制系统组成 / 001
1.1.1 基本系统 / 001
1.1.2 扩展系统 / 002

1.2 欧姆龙PLC机架构成单元 / 003
1.2.1 CJ2M CPU单元 / 003
1.2.2 串行通信选件板 / 005
1.2.3 电源单元 / 006
1.2.4 基本I/O单元 / 006
1.2.5 高功能单元 / 012
1.2.6 I/O控制单元和I/O接口单元 / 017

1.3 欧姆龙NS系列触摸屏 / 019
1.3.1 功能与参数 / 019
1.3.2 系统参数设置 / 021
1.3.3 与主机通信 / 022

▶ 第2章 欧姆龙PLC指令系统 / 023

2.1 欧姆龙PLC编程基础 / 023
2.1.1 数据类型 / 023
2.1.2 存储器区 / 024
2.1.3 存储器区寻址 / 025

2.2 欧姆龙PLC常用指令 / 026
2.2.1 位逻辑指令 / 026
2.2.2 定时器和计数器指令 / 028
2.2.3 比较指令 / 030
2.2.4 数据传送指令 / 031
2.2.5 递增、递减指令 / 031
2.2.6 顺序控制指令 / 032

2.2.7　四则运算指令 / 033

2.2.8　浮点数运算指令 / 034

2.2.9　数据控制指令 / 036

2.2.10　子程序指令 / 037

2.2.11　串行通信指令 / 039

2.2.12　网络通信指令 / 041

第3章　欧姆龙 CX-One 软件包 / 044

3.1　欧姆龙 PLC 编程软件 CX-Programmer / 044

3.1.1　初始界面 / 044

3.1.2　新建工程 / 046

3.1.3　多任务 / 056

3.1.4　功能块 / 058

3.2　欧姆龙触摸屏编程软件 CX-Designer / 060

3.2.1　新建项目 / 060

3.2.2　通信设置 / 061

3.2.3　通用设置 / 062

3.2.4　屏幕界面编辑 / 064

3.2.5　程序传输 / 071

3.3　欧姆龙串口通信协议宏软件 CX-Protocol / 071

3.3.1　协议宏概念 / 071

3.3.2　软件界面 / 072

3.3.3　协议宏应用 / 073

第4章　欧姆龙 PLC 基本 I/O 单元应用 / 080

4.1　输入单元及其常用外围元器件 / 080

4.1.1　控制按钮与控制开关 / 080

4.1.2　限位开关与接近开关 / 081

4.1.3　物位开关 / 082

4.1.4　其他检测开关 / 082

4.1.5　输入单元接线方式 / 083

4.2　输出单元及其常用外围元器件 / 084

4.2.1　继电器和接触器 / 084

4.2.2　电磁阀和电动阀 / 085

4.2.3　输出单元接线方式 / 087

4.3　欧姆龙 PLC 基本 I/O 单元应用示例 / 087

4.3.1　控制要求 / 087

4.3.2　电路设计 / 088

4.3.3　逻辑分析 / 089

4.3.4　程序设计 / 091

4.3.5　程序调试 / 093

第 5 章　欧姆龙 PLC 模拟量单元应用 / 094

5.1　常用仪表 / 094

5.1.1　温度变送器 / 094

5.1.2　压力变送器 / 095

5.1.3　液位计 / 095

5.1.4　流量计 / 096

5.1.5　电子秤 / 097

5.2　常用调节设备 / 098

5.2.1　调节阀 / 098

5.2.2　变频器调速 / 099

5.2.3　液压泵调速 / 101

5.3　欧姆龙 PLC 模拟量单元应用示例 / 102

5.3.1　控制要求 / 102

5.3.2　电路设计 / 103

5.3.3　功能与逻辑分析 / 107

5.3.4　PLC 程序设计 / 109

5.3.5　触摸屏程序设计 / 116

第 6 章　欧姆龙 PLC 串行通信单元应用 / 120

6.1　MODBUS 通信协议 / 120

6.1.1　简介 / 120

6.1.2　接线方式 / 121

6.1.3　报文格式 / 122

6.2　支持 MODBUS 协议外围设备 / 124

6.2.1 调节阀 / 124

6.2.2 流量计 / 126

6.2.3 伺服装置 / 128

6.2.4 多功能电度表 / 134

6.2.5 低压电动机保护控制器 / 136

6.2.6 RS-485 接口 I/O 模块 / 139

6.2.7 温度变送器 / 141

6.2.8 压力变送器 / 141

6.3 欧姆龙 PLC 与变频器通信 /142

6.3.1 英威腾 CHE100 / 142

6.3.2 ABB ACS510 / 144

6.3.3 西门子 MM440 / 146

6.4 欧姆龙 PLC 串行通信单元应用示例 /150

6.4.1 控制要求 / 150

6.4.2 电路设计 / 150

6.4.3 PLC 程序设计 / 151

6.4.4 触摸屏程序设计 / 156

第 7 章 欧姆龙 PLC 与上位机串口通信 / 157

7.1 上位机通过串口监控欧姆龙 PLC 示例 /157

7.1.1 串行通信选件板 HOSTLINK 协议 / 157

7.1.2 串行通信单元 MODBUS 协议 / 164

7.2 物联网远程监控欧姆龙 PLC 示例 /168

7.2.1 物联网平台 / 168

7.2.2 有人物联 GPRS 数传终端 USR-G770 / 171

7.2.3 上位机 VB.NET 程序 / 173

7.2.4 手机 App 程序 / 177

7.2.5 有人云"云组态" / 183

第 8 章 欧姆龙 PLC 网络通信单元应用 / 188

8.1 欧姆龙 FINS/UDP 通信 /188

8.1.1 PLC 之间 FINS/UDP 报文解析 / 188

8.1.2 上位机 FINS/UDP 通信测试 / 192

8.2　欧姆龙 FINS/TCP 通信 / 193

8.2.1　FINS/TCP 报文格式 / 193

8.2.2　上位机通过网络接口监控 PLC 示例 / 197

第 9 章　欧姆龙 PLC 综合应用实例 / 202

9.1　控制方案 / 202

9.1.1　控制要求 / 202

9.1.2　控制逻辑 / 204

9.2　控制系统设计 / 205

9.2.1　电气原理图 / 205

9.2.2　硬件组态 / 208

9.3　输料装置 PLC 程序设计 / 215

9.3.1　设备启停控制 / 215

9.3.2　气动阀顺序动作控制 / 215

9.3.3　模拟量采集与转换 / 217

9.4　基液 PLC 程序设计 / 218

9.4.1　设备启停控制 / 218

9.4.2　串口通信 / 220

9.4.3　模拟量处理 / 222

9.4.4　网络通信 / 224

9.4.5　变频器频率控制 / 225

9.5　液添 PLC 程序设计 / 225

9.5.1　设备启停控制 / 225

9.5.2　串口通信 / 226

9.5.3　变频器速度控制 / 229

9.6　触摸屏程序设计 / 231

9.6.1　控制界面 / 231

9.6.2　报警界面 / 233

参考文献 / 234

视频讲解明细清单

001 页--1.1 欧姆龙 PLC 控制系统组成

003 页--1.2 欧姆龙 PLC 机架构成单元

019 页--1.3 欧姆龙 NS 系列触摸屏

023 页--2.1 欧姆龙 PLC 编程基础

026 页--2.2 欧姆龙 PLC 常用指令

044 页--3.1 欧姆龙 PLC 编程软件 CX-Programmer

060 页--3.2 欧姆龙触摸屏编程软件 CX-Designer

071 页--3.3 欧姆龙串口通信协议宏软件 CX-Protocol

080 页--4.1 输入单元及其常用外围元器件

084 页--4.2 输出单元及其常用外围元器件

087 页--4.3 欧姆龙 PLC 基本 I/O 单元应用示例

094 页--5.1 常用仪表

098 页--5.2 常用调节设备

102 页--5.3 欧姆龙 PLC 模拟量单元应用示例

120 页--6.1 MODBUS 通信协议

124 页--6.2 支持 MODBUS 协议外围设备

142 页--6.3 欧姆龙 PLC 与变频器通信

150 页--6.4 欧姆龙 PLC 串行通信单元应用示例

157 页--7.1 上位机通过串口监控欧姆龙 PLC 示例

168 页--7.2 物联网远程监控欧姆龙 PLC 示例

188 页--8.1 欧姆龙 FINS/UDP 通信

193 页--8.2 欧姆龙 FINS/TCP 通信

第1章

欧姆龙 CJ 系列 PLC 硬件系统

欧姆龙 CJ 系列 PLC 硬件系统包括电源单元、CPU 单元、I/O 控制（接口）单元、I/O 单元、通信单元和配套的触摸屏（可编程终端）。本章介绍几种典型的硬件系统配置方案和常用组成单元中有代表性模块的应用方法，其中 CPU 单元使用 CJ2M 系列 CPU。

 ## 1.1 欧姆龙 PLC 控制系统组成

1.1.1 基本系统

欧姆龙 CJ2M 基本系统示意图见图 1-1，CPU 机架由电源单元、CPU 单元、I/O 单元和端板组成，其中 I/O 单元最多可以有 10 个，电源单元需根据所带单元的电流消耗总和选择合适的型号，端板出厂时插在 CPU 单元上，安装时放到最后。各单元间供电和总线回路通过接插件连接，各单元间机械机构上有滑块锁定装置。CPU 机架整体固定在 DIN35 导轨上。

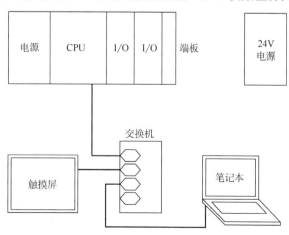

图 1-1　欧姆龙 CJ2M 基本系统示意图

24V 电源给触摸屏、交换机和外部 I/O 单元（如接近开关、液位计等）供电。CPU 单元和触摸屏通过交换机连接通信网络，调试用笔记本电脑在调试时也通过网线接入交换机，通过欧姆龙配套的编程软件调试和下载程序。当使用没有网络接口的 CPU 单元时，CPU 单元和触摸屏通过 RS-485 接口通信，这种情况下用笔记本电脑的 USB 接口分别连接 CPU 单元和触摸屏，对应编程软件也要更改通信接口为 USB，通过 USB 接口调试和下载程序。

1.1.2 扩展系统

（1）单 CPU 扩展系统

当 PLC 控制系统 I/O 点数较多时，如果 10 个 I/O 单元不够用就需要扩展机架，扩展机架最多可以安装 3 个，每个可以带 10 个 I/O 单元。单 CPU 扩展系统示意图见图 1-2，CPU 机架上靠近 CPU 单元增加 I/O 控制单元，扩展机架没有 CPU 单元，靠近电源单元的是 I/O 接口单元，I/O 控制单元和 I/O 接口单元间用专用电缆连接，电缆长度最短 0.3m、最长 12m。

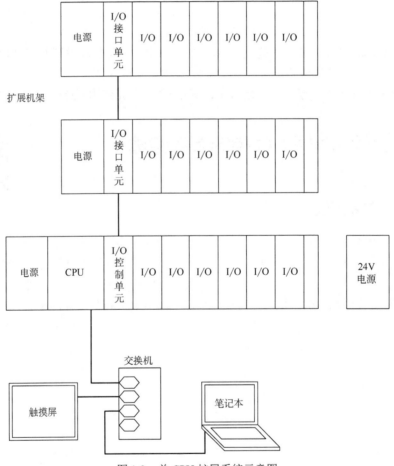

图 1-2 单 CPU 扩展系统示意图

（2）多 CPU 扩展系统

当分系统间距离较远或不方便用单 CPU 控制时，可以通过网络通信构成多 CPU 扩展系统。多 CPU 扩展系统示意图见图 1-3，交换机和触摸屏放到某个分系统，分系统间通过网络连接，近距离用网线，远距离可以用光纤配合光电转换装置连接。触摸屏最多能连接

98 个带网络通信的 CPU 单元，同一网络内的 CPU 单元可互相通信，通过编程实现系统联锁和自动调节功能。

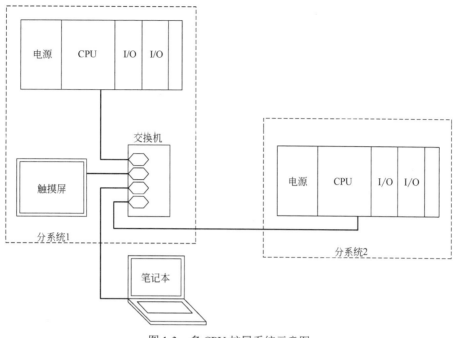

图 1-3 多 CPU 扩展系统示意图

1.2 欧姆龙 PLC 机架构成单元

1.2.1 CJ2M CPU 单元

CJ2M 系列 CPU 单元的 I/O 容量为 2560 点，按是否带内置网络单元分成两大类，每类按程序容量和数据存储器容量分 5 种型号。CJ2M 系列不同型号 CPU 规格参数见表 1-1。

表 1-1 CJ2M 系列不同型号 CPU 规格参数

型号	程序容量	数据存储器容量	内置 EtherNet/IP	选件板凹槽	LD 指令执行时间	I/O 容量可安装单元
CJ2M-CPU35	60KB	160KB	是	是	0.04μs	2560 点 40 个单元 最多 3 个扩展装置
CJ2M-CPU34	30KB					
CJ2M-CPU33	20KB	64KB				
CJ2M-CPU32	10KB					
CJ2M-CPU31	5KB					
CJ2M-CPU15	60KB	160KB	否	否		
CJ2M-CPU14	30KB					
CJ2M-CPU13	20KB	64KB				
CJ2M-CPU12	10KB					
CJ2M-CPU11	5KB					

CJ2M CPU31 构成与功能示意图见图 1-4。CPU 单元上侧是 LED 状态指示, 往下依次是单元号设定旋钮开关、节点号设定旋钮开关、USB 接口和网络接口, 最下面是串行通信选件板位置, 出厂默认不带选件板, 图中是空盖板。左上侧的盖子下面有 CPU 功能设置 DIP 开关和电池, 左下侧的盖子下面是 CF 存储卡座, 通常情况下不需使用 CF 存储卡。

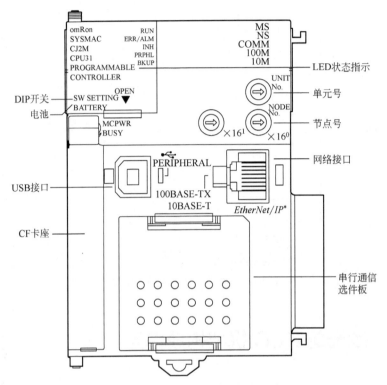

图 1-4 CJ2M CPU31 构成与功能示意图

(1) LED 状态指示

LED 状态指示见图 1-5, 其中:

- RUN 灯为绿色的运行指示灯, PLC 运行时点亮, 停止时熄灭;
- ERR/ALM 灯为红色的报警指示灯, PLC 正常时熄灭, 出现非致命错误时闪烁, 出现致命错误时常亮;
- PRPHL 灯为 USB 接口通信指示灯, 传输数据时闪烁;
- LED 数码管接通电源后先循环显示本地 IP 地址, 显示完 IP 地址后, 将以 16 进制形式显示 IP 地址末位数, 报警状态下显示故障码;
- MS 灯为双色的网络模块状态指示灯, 正常时绿灯亮, 出现可恢复错误时红灯闪烁, 出现致命错误时红灯常亮;
- NS 灯为双色的网络状态指示灯, 网络通时绿灯闪烁, 建立网络连接后绿灯常亮, 出现可恢复错误时红灯闪烁, 出现致命错误时红灯常亮;
- COMM 为黄色的通信状态指示灯, 在网络传输数据时会闪烁;
- 100M、10M 为黄色的网络通信速度指示灯。

图 1-5　LED 状态指示

（2）单元号

CPU 单元和其他单元（不含基本 I/O 单元）在硬件组态时会自动分配单元号，硬件实际的单元号按组态显示单元号进行调整，如果不对应，CPU 单元会报错，无法运行。也可以更改硬件组态中的单元号与实际一致，但可能会出现硬件单元号设置不合理出现冲突的情况，这时只能调整硬件单元号。

（3）网络接口

CPU 单元网络接口默认 IP 地址是 192.168.250.1，通过旋钮开关可更改末位地址。注意旋钮开关为十六进制，设定范围为 0x01～0xFE（1～254 十进制），同一网络内 IP 地址不能重复。末位地址同时也是 FINS 网络节点号。

网络接口的主要功能有 PLC 间通信、PLC 与触屏或上位机通信、PLC 程序传输和调试。

（4）USB 接口

USB 接口主要用于 PLC 程序的传输和调试，上位机需要安装 USB 驱动程序，根据操作系统类型选择对应的驱动程序。

（5）DIP 开关和电池

打开左上侧的盖子可以看到 DIP 开关和电池，DIP 开关共有 8 个，默认都在 OFF 位置，其中 SW1 的功能是防擦写，置于 ON 位置时无法下载程序，SW2 配合存储卡工作，如果置于 ON 位置，上电时自动从存储卡下载程序，其他开关的功能基本不用，确认在 OFF 位置即可。

电池在主电源关闭时维持 CPU 单元内部时钟和保存 RAM 中的 I/O 存储器数据。电池的型号为 CJ1W-BAT01，建议每 5 年或报警时更换。

1.2.2　串行通信选件板

CPU31 单元选件板凹槽可根据需要安装串行通信选件板，共有 3 种型号供选择，CP1W-CIF01 是 RS-232C 选件板，CP1W-CIF11 是 RS-422A/485 选件板，CP1W-CIF12 是 RS-422A/485 绝缘型选件板，使用较多是 RS-422A/485 选件板。

RS-422A/485 选件板示意图见图 1-6。正面接线端子是按 4 线设计的，可以接成 2 线，FG 接通信线屏蔽层，COMM 指示灯在数据通信时闪烁。背面接插件用于连接 CPU 主板，DIP 开关用于操作设定，各位功能如下：

- 1——终端电阻设定，ON 时接入内部 220Ω 电阻，匹配线路阻抗。
- 2、3——2 线或 4 线设定，ON 时为 2 线，OFF 时为 4 线。
- 4——未使用，位置随意。
- 5、6——数据传输方向控制，正常时都设定为 ON，收发数据内部自动控制。

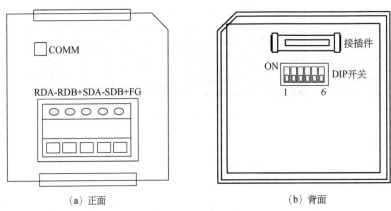

（a）正面　　　　　　　　　　　（b）背面

图1-6　RS-422A/485选件板示意图

1.2.3　电源单元

电源单元有 5 种型号供选择，不同型号电源单元规格参数见表 1-2，选择时首先要确定用 AC220V 供电还是 DC24V 供电，然后再选择电源容量，要求安装单元的总电流消耗不超过每路电压对应的最大电流，且总功耗不超过电源单元的最大功耗。电源单元仅对机架上各单元供电，不对外部提供 DC24V 电源。

表 1-2　不同型号电源单元规格参数

电源型号	输出容量			电源电压
	5V 组	24V 组	总功耗	
CJ1W-PA205R	5.0A	0.8A	25W	AC100～240V
CJ1W-PA205C	5.0A	0.8A	25W	
CJ1W-PA202	2.8A	0.4A	14W	
CJ1W-PD025	5.0A	0.8A	25W	DC24V
CJ1W-PD022	2.0A	0.4A	19.6W	

计算各单元总电流消耗的方法有两种，一种是查手册中各单元的电流消耗数据，然后累加计算，还有一种方法是利用编程软件中的工具，在硬件组态完成后在单元 I/O 表窗口中的"选项"菜单上选择"消耗和宽"，即可显示连接到 CPU 机架或扩展机架的单元消耗电流和宽度，并且自动核算所选电源是否合适，如果不合适，会以红色标记超限参数。

电源单元 CJ1W-PA202 示意图见图 1-7，端子 L1、L2/N 接 AC220V 电源，端子 LG 接电源地，端子 GR 接保护地，连接器输出 24V 和 5V 电压给 CPU 单元。端子 GR 与电源单元右侧金属板连接，通过其他单元底部金属片相互接触，当机架组装完毕后，机架上各单元都通过 GR 端子接地。

1.2.4　基本 I/O 单元

（1）输入单元

输入单元按输入电压类型分两类：DC 输入和 AC 输入，其中 DC24V 输入较为常用。

按外部接线也是分两类：端子直接接线和连接器转端子接线，输入为16点及以下的使用端子直接接线方式，超过16点无法在输入单元直接接线，需要安装连接器-端子块转换单元，外部接线接在转换单元，再通过专用排线接入输入单元。输入单元型号及其规格参数见表1-3，输入单元内部不需要24V供电，无对应电流消耗。

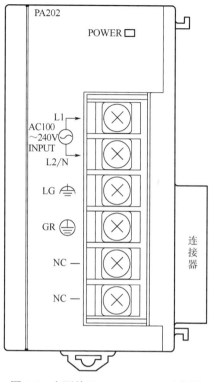

图1-7　电源单元CJ1W-PA202示意图

表1-3　输入单元型号及其规格参数

型号	I/O点数	输入电压、电流	外部连接	电流消耗/A	
				5V	24V
CJ1W-ID201	8点输入	DC12～24V，10mA	可拆卸端子块	0.08	—
CJ1W-ID211	16点输入	DC24V，7mA	可拆卸端子块	0.08	—
CJ1W-ID212	16点输入	DC24V，7mA	可拆卸端子块	0.13	—
CJ1W-ID231	32点输入	DC24V，4.1mA	Fujitsu连接器	0.09	—
CJ1W-ID232	32点输入	DC24V，4.1mA	MIL连接器	0.09	—
CJ1W-ID233	32点输入	DC24V，4.1mA	MIL连接器	0.20	—
CJ1W-ID261	64点输入	DC24V，4.1mA	Fujitsu连接器	0.09	—
CJ1W-ID262	64点输入	DC24V，4.1mA	MIL连接器	0.09	—
CJ1W-IA201	8点输入	AC200～240V，10mA	可拆卸端子块	0.08	—
CJ1W-IA211	16点输入	AC100～120V，7mA	可拆卸端子块	0.09	—

　　DC24V输入单元不同型号间的主要区别是I/O点数不同，另外CJ1W-ID212和CJ1W-ID233属于高速型，响应速度稍快，电流消耗也大些。输入单元CJ1W-ID211示意图见图1-8，端子0～15为16点输入，两个公共端子COM内部是连通的，公共端子COM接DC24正、负极均可，输入电压极性没限制，但要统一，习惯上端子COM接DC24V负

极，DC24V 正极通过要检测的开关接点接输入端，当开关接点闭合时，输入单元上侧对应的 LED 指示灯会点亮。

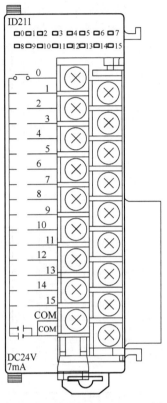

图 1-8　输入单元 CJ1W-ID211 示意图

　　CJ1W-ID211 输入端电路原理图见图 1-9，输入端子和内部电路由光耦隔离，光耦输入端是双向的，3.3kΩ 电阻为限流电阻，DC24 时输入电流约为 7mA，470Ω 电阻和 1000pF 电容的作用是提高输入端抗干扰能力。

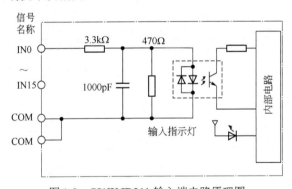

图 1-9　CJ1W-ID211 输入端电路原理图

　　AC 输入单元 CJ1W-IA201 输入端电路原理图见图 1-10，0.15μF 电容和 820Ω 电阻串联，限制输入电流，当 AC220 时输入电流约为 10mA，220Ω 电阻及其并联电容的作用是提高输入端抗干扰能力，1MΩ 电阻的作用是当外部交流输入断开时泄放 0.15μF 电容剩余电荷，防止再次来电时瞬时电压叠加造成电容过压击穿损坏。

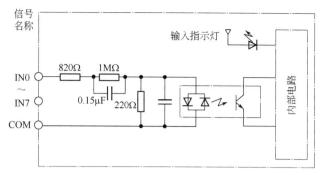

图 1-10　CJ1W-IA201 输入端电路原理图

（2）输出单元

输出单元按输出形式分为继电器接点输出、晶闸管输出和晶体管输出三大类，其中晶体管输出又细分为漏型和源型。输出单元型号及其规格参数见表 1-4，继电器输出单元内部继电器线圈电压为 24V，消耗 24V 电流，晶闸管和晶体管输出不需要 24V 供电。

表 1-4　输出单元型号及其规格参数

型号	输出	最大开关容量	外部连接	电流消耗/A	
				5V	24V
CJ1W-OC201	8 点继电器接点输出	AC250V/DC24V，2A	可拆卸端子块	0.09	0.048
CJ1W-OC211	16 点继电器接点输出	AC250V/DC24V，2A	可拆卸端子块	0.11	0.096
CJ1W-OA201	8 点双向晶闸管输出	AC250V，0.6A	可拆卸端子块	0.22	—
CJ1W-OD201	8 点漏型晶体管输出	DC12～24V，2A	可拆卸端子块	0.09	—
CJ1W-OD203	8 点漏型晶体管输出	DC12～24V，0.5A	可拆卸端子块	0.10	—
CJ1W-OD211	16 点漏型晶体管输出	DC12～24V，0.5A	可拆卸端子块	0.10	—
CJ1W-OD213	16 点漏型晶体管高速输出	DC24V，0.5A	可拆卸端子块	0.15	—
CJ1W-OD231	32 点漏型晶体管输出	DC12～24V，0.5A	Fujitsu 连接器	0.14	—
CJ1W-OD233	32 点漏型晶体管输出	DC12～24V，0.5A	MIL 连接器	0.14	—
CJ1W-OD234	32 点漏型晶体管高速输出	DC24V，0.5A	可拆卸端子块	0.22	—
CJ1W-OD261	64 点漏型晶体管输出	DC12～24V，0.3A	Fujitsu 连接器	0.17	—
CJ1W-OD263	64 点漏型晶体管输出	DC12～24V，0.3A	MIL 连接器	0.17	—
CJ1W-OD202	8 点源型晶体管输出	DC24V，2A，短路保护	可拆卸端子块	0.11	—
CJ1W-OD204	8 点源型晶体管输出	DC24V，0.5A，短路保护	可拆卸端子块	0.10	—
CJ1W-OD212	16 点源型晶体管输出	DC24V，0.5A，短路保护	可拆卸端子块	0.10	—
CJ1W-OD232	32 点源型晶体管输出	DC24V，0.5A，短路保护	MIL 连接器	0.15	—
CJ1W-OD262	64 点源型晶体管输出	DC12～24V，0.3A	MIL 连接器	0.17	—

　　继电器接点输出单元 CJ1W-OC211 示意图见图 1-11，端子 0～15 为 16 点输出，两个公共端子 COM 内部是连通的，当输出接点闭合时，输出单元上侧对应的 LED 指示灯会点亮。内部继电器触点开关容量为 AC250V 2A/DC24V 2A，电气寿命 150000 次（24VDC，阻性负载）/100000 次（240VAC，cosφ=0.4，感性负载），当输出接点动作较频繁时建议选择晶体管输出类型的输出单元。

　　晶体管输出单元 CJ1W-OD211 示意图见图 1-12，端子 0～15 为 16 点输出，端子 COM接 DC24V 负极，端子+V 接 DC24V 正极。负载一端接 DC24V 正极，另一端接输出，当输出端和 COM 端导通时，输出单元上侧对应的 LED 指示灯会点亮。内部晶体管开关容量为 DC24V 0.5A，可直接驱动小容量负载，常外接中间继电器，间接驱动高电压或大容量负载。

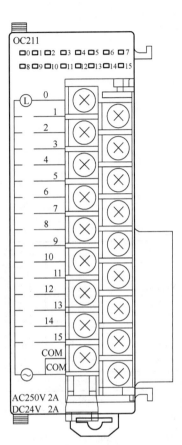

图 1-11 输出单元 CJ1W-OC211 示意图   图 1-12 输出单元 CJ1W-OD211 示意图

漏型晶体管输出单元输出端电路原理图见图1-13，端子+V 提供驱动晶体管的电源，晶体管最大负载电流 0.5A，可承受最大 4A（10ms 以下）浪涌电流。当外部电源极性接反时，晶体管内部保护用二极管会提供导通电流，使负载始终带电，不受控制，因此漏型晶体管输出单元接线一定要注意外接电源极性。

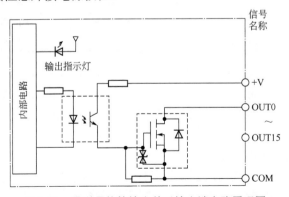

图 1-13 漏型晶体管输出单元输出端电路原理图

源型晶体管输出单元输出端电路原理图见图 1-14，端子 COM 接 DC24V 正极，端子 0V 接 DC24V 负极。晶体管最大负载电流 0.5A，当电流大于 0.7～2.5A 时，内部短路保护动作，输出截止，该保护具有自动重启功能。

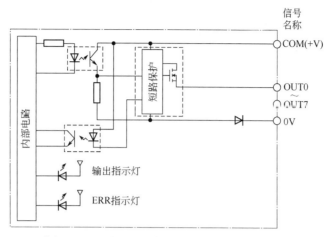

图 1-14　源型晶体管输出单元输出端电路原理图

（3）I/O 单元

I/O 单元就是将输入和输出做成一体的混合单元，工作原理分别同输入单元和输出单元。合计点数最低 32 点，外部连接都采用连接器。I/O 单元型号及其规格参数见表 1-5。TTL I/O 单元接口电压为 DC5V，输出属于漏型晶体管输出再加内部 $5.6k\Omega$ 上拉电阻。

表 1-5　I/O 单元型号及其规格参数

型号	I/O 点	参数	外部连接	电流消耗/A	
				5V	24V
CJ1W-MD231	16 点输入	DC24V，7mA	Fujitsu 连接器	0.13	—
	16 点漏型晶体管输出	DC24V，0.5A			
CJ1W-MD233	16 点输入	DC24V，7mA	MIL 连接器	0.13	—
	16 点漏型晶体管输出	DC12～24V，0.5A			
CJ1W-MD261	32 点输入	DC24V，4.1mA	Fujitsu 连接器	0.14	—
	32 点漏型晶体管输出	DC24V，0.3A			
CJ1W-MD263	32 点输入	DC24V，4.1mA	MIL 连接器	0.14	—
	32 点漏型晶体管输出	DC24V，0.3A			
CJ1W-MD232	16 点输入	DC24V，7mA	MIL 连接器	0.13	—
	16 点源型晶体管输出	DC24V，0.5A，短路保护			
CJ1W-MD563	32 点 TTL 输入	DC5V，3.5mA	MIL 连接器	0.19	—
	32 点 TTL 输出	DC5V，3.5mA			

图 1-15 是 CJ1W-MD261 示意图，采用 Fujitsu 连接器，图 1-16 是 CJ1W-MD563 示意图，采用 MIL 连接器，由于点数较多，单元上部 LED 状态指示灯需要通过开关切换来选择显示的是输入状态还是输出状态。

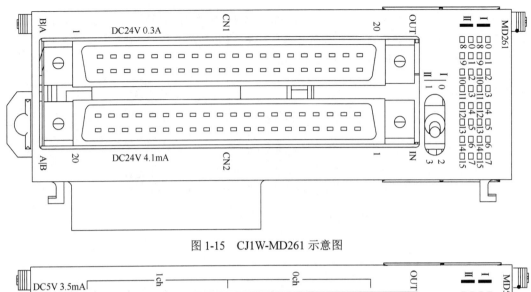

图 1-15　CJ1W-MD261 示意图

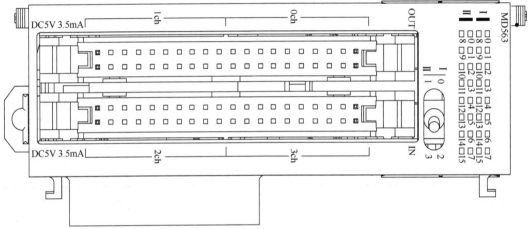

图 1-16　CJ1W-MD563 示意图

1.2.5　高功能单元

（1）模拟量单元

各种型号模拟量单元及其规格参数见表 1-6，每个单元最多有 8 点，外部连接都采用可拆卸端子块。模拟量单元内部 5V 电流消耗偏高，不使用内部 24V 电源，但模拟量输出单元使用外部 24V 电源，给信号输出电路供电。分辨率的分母值等于信号满量程时对应的整数值，例如模拟量输入单元 CJ1W-AD081-V1 的默认分辨率为 1/4000，输入 4mA 时得到的整数值为 0，输入 20mA 时得到的整数值为 4000，高速型的分辨率更高些。

表 1-6　各种型号模拟量单元及其规格参数

型号	I/O 点	信号范围选择	分辨率	电流消耗/A	
				5V	24V
CJ1W-AD042	4 点高速输入	1～5V	1/10000	0.52	—
		0～10V	1/20000		
		−5～5V	1/20000		
		−10～10V	1/40000		
		4～20mA	1/10000		

型号	I/O 点	信号范围选择	分辨率	电流消耗/A	
				5V	24V
CJ1W-AD081-V1	8 点输入	1～5V/0～5V/0～10V -10～10V/4～20mA	默认：1/4000 可设为：1/8000	0.42	—
CJ1W-AD041-V1	4 点输入	1～5V/0～5V/0～10V -10～10V/4～20mA	默认：1/4000 可设为：1/8000	0.42	—
CJ1W-DA042V	4 点高速输出	1～5V	1/10000	0.40	—
		0～10V	1/20000		
		-10～10V	1/40000		
CJ1W-DA08V	8 点输出	1～5V/0～5V/0～10V -10～10V	默认：1/4000 可设为：1/8000	0.14	—
CJ1W-DA08C	8 点输出	4～20mA			
CJ1W-DA041	4 点输出	1～5V/0～5V/0～10V	1/4000	0.12	—
CJ1W-DA021	2 点输出	-10～10V/4～20mA			
CJ1W-MAD42	4 点输入 2 点输出	1～5V/0～5V/0～10V -10～10V/4～20mA	默认：1/4000 可设为：1/8000	0.58	—

模拟量输入单元 CJ1W-AD081-V1 示意图见图 1-17，单元上侧是 LED 状态指示灯，往下是单元编号设定开关和操作模式开关，右侧可拆卸端子块的下侧有个锁定拉杆，上推锁定，下拉解锁可拆下端子块，这种设计可使得更换模块时省去拆线、接线的麻烦，也方便切换端子块下面电路板上的电压/电流输入切换开关，8 个开关可分别设定，分别对应 8 路输入。

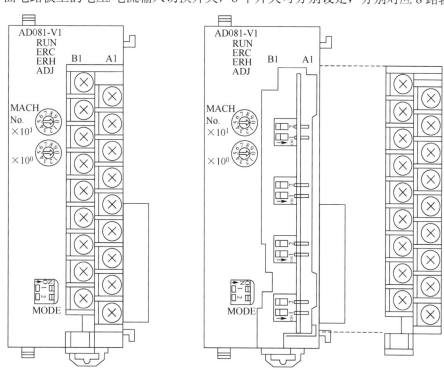

图 1-17　模拟量输入单元 CJ1W-AD081-V1 示意图

CJ1W-AD081-V1 输入部分电路原理图见图 1-18，电压/电流输入切换开关闭合时是电流输入状态，输入端接入 250Ω 电阻，将 DC4～20mA 信号转为 1～5V 信号给 AD 转换电路。模拟量输入单元 CJ1W-AD081-V1 端子接线示意图见图 1-19，8 路输入端子是独立的，AG 端子是公共的，连接信号线的屏蔽线可改善抗干扰能力。

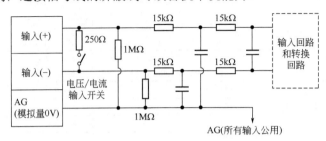

图 1-18　CJ1W-AD081-V1 输入部分电路原理图

输入2(+)	B1	A1	输入1(+)
输入2(−)	B2	A2	输入1(−)
输入4(+)	B3	A3	输入3(+)
输入4(−)	B4	A4	输入3(−)
AG	B5	A5	AG
输入6(+)	B6	A6	输入5(+)
输入6(−)	B7	A7	输入5(−)
输入8(+)	B8	A8	输入7(+)
输入8(−)	B9	A9	输入7(−)

图 1-19　CJ1W-AD081-V1 端子接线示意图

模拟量输出单元 CJ1W-DA08C 示意图见图 1-20，单元上侧是 LED 状态指示灯，其含义见表 1-7。CJ1W-DA08C 端子接线示意图见图 1-21，8 路输出端子是独立的，外接 24V 电源。

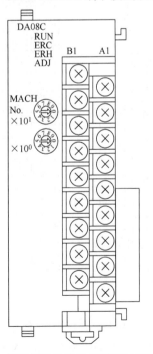

图 1-20　模拟量输出单元 CJ1W-DA08C 示意图

输出2(+)	B1	A1	输出1(+)
输出2(−)	B2	A2	输出1(−)
输出4(+)	B3	A3	输出3(+)
输出4(−)	B4	A4	输出3(−)
输出6(+)	B5	A5	输出5(+)
输出6(−)	B6	A6	输出5(−)
输出8(+)	B7	A7	输出7(+)
输出8(−)	B8	A8	输出7(−)
0V	B9	A9	24V

图 1-21　CJ1W-DA08C 端子接线示意图

表 1-7　模拟量单元 LED 状态指示灯含义

LED	颜色	含义	操作状态
RUN	绿色	运行	以正常模式操作时点亮
ERC	红色	单元检测到错误	发生报警或初始设定不正确时点亮
ERH	红色	CPU 单元的错误	和 CPU 单元进行数据交换出错时点亮
ADJ	黄色	调整	偏移/增益调整模式操作时闪烁

（2）测温单元

每个测温单元最多支持四个输入通道，每个通道可以设定为铂电阻、热电偶和 DC 信号（电流、电压），其中 DC 信号和模拟量输入单元类似，分辨率更高些。各种型号测温单元及其规格参数见表 1-8。

绝缘型热电偶输入单元 CJ1W-PTS51 示意图见图 1-22，和模拟量单元相比多了 4 个外部报警输出 LED 指示。CJ1W-PTS51 端子接线示意图见图 1-23，4 路热电偶输入，1 路冷接点传感器输入，4 路报警输出为集电极开漏输出，外接 24V 电源。

表 1-8　各种型号测温单元及其规格参数

型号	输入点	信号范围选择	精度和分辨率	电流消耗/A 5V	24V
CJ1W-PTS15	2 点输入	热电偶：B、E、J、K、L、N、R、S、T、U、WRe5-26、PLⅡ DC 电压：±100mV	F.S.±0.05% 1/64000	0.18	—
CJ1W-PTS51	4 点输入	热电偶：R、S、K、J、T、L、B	±1℃	0.25	—
CJ1W-PTS52	4 点输入	铂电阻：Pt100、JPt100	±0.8℃	0.25	—
CJ1W-PDC15	2 点输入	DC 电压：0～1.25V、−1.25～1.25V 0～5V、1～5V、−5～5V、0～10V、 −10～10V DC 电流：0～20mA、4～20mA	F.S.±0.05% 1/64000	0.18	—
CJ1W-AD04U	4 点输入	铂电阻：Pt100、JPt100、Pt1000 热电偶：R、S、K、J、T、L、B DC 电压：0～5V、1～5V、0～10V DC 电流：0～20mA、4～20mA	铂电阻：±0.8℃ 热电偶：±1.5℃ DC：F.S.±0.3%	0.32	—
CJ1W-PH41U	4 点输入	铂电阻：Pt100、JPt100、Pt1000 热电偶：K、J、T、E、L、U、 N、R、S、B、WRe5-26、PLⅡ DC 电压：0～5V、1～5V、0～10V 0～1.25V、±100mV DC 电流：0～20mA、4～20mA	F.S.±0.05% 最高：1/256000	0.30	—

绝缘型铂电阻输入单元 CJ1W-PTS52 外观和热电偶输入单元相似，CJ1W-PTS52 端子接线示意图见图 1-24，4 路三线式铂电阻输入，4 路报警输出为集电极开漏输出，外接 24V 电源。

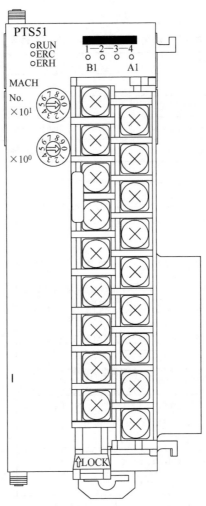

图 1-22 绝缘型热电偶输入单元 CJ1W-PTS51 示意图

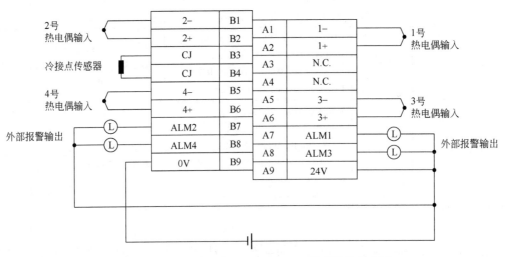

图 1-23 热电偶输入单元 CJ1W-PTS51 端子接线示意图

欧姆龙 PLC 编程及应用实例

016

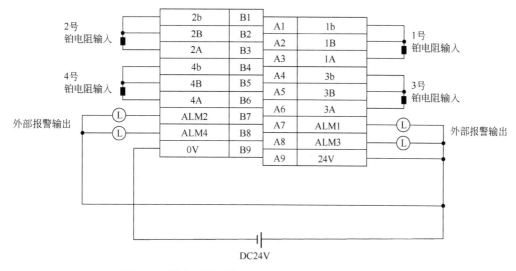

图 1-24　铂电阻输入单元 CJ1W-PTS52 端子接线示意图

（3）串行通信单元

每个串行通信单元都提供了两个串行通信端口，可选择 RS-232C 或 RS-422A/485，并且可分别为协议宏、上位链接、NT 链接、串行网关和无协议中的每个端口设定串行通信方式。各种型号串行通信单元及其规格参数见表 1-9。

表 1-9　各种型号串行通信单元及其规格参数

型号	通信接口	通信功能	电流消耗/A	
			5V	24V
CJ1W-SCU21-V1	2 个 RS-232C 端口	协议宏、上位链接、NT 链接 串行网关、无协议、 Modbus-RTU 从站	0.28	—
CJ1W-SCU31-V1	2 个 RS-422A/485 端口		0.38	—
CJ1W-SCU41-V1	1 个 RS232C 端口 1 个 RS-422A/485 端口		0.38	—
CJ1W-SCU22	2 个 RS-232C 端口	高速型 协议宏、上位链接、NT 链接 串行网关、无协议、 Modbus-RTU 从站	0.29	—
CJ1W-SCU32	2 个 RS-422A/485 端口		0.46	—
CJ1W-SCU42	1 个 RS-232C 端口 1 个 RS-422A/485 端口		0.38	—

串行通信单元 CJ1W-SCU31-V1 示意图见图 1-25，单元上侧是运行状态 LED 指示，往下有终端电阻开关、2 线/4 线切换开关和单元号设定用切换开关。CJ1W-SCU31-V1 通信端口接线示意图见图 1-26，RS-485 通信时使用双线连接，确认 2 线/4 线切换开关在 2 线位置，接线时只接引脚 1 和 2 或只接引脚 6 和 8 即可。

1.2.6　I/O 控制单元和 I/O 接口单元

I/O 控制单元和 I/O 接口单元用于连接扩展机架，其中 I/O 控制单元紧贴 CPU 单元右侧安装，I/O 接口单元安装在扩展机架上，紧贴扩展机架电源单元右侧安装。I/O 控制单元和 I/O 接口单元示意图见图 1-27，用专用连接电缆连接 I/O 控制单元的 OUT 插座和 I/O 接口单元的 IN 插座，I/O 接口单元的 OUT 插座用于连接下一个扩展机架，一个 CPU 可以带 3 个扩展机架。

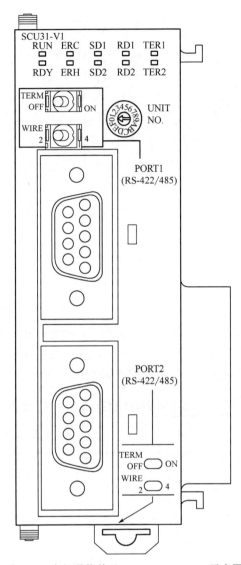

图 1-25   串行通信单元 CJ1W-SCU31-V1 示意图

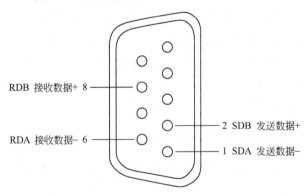

图 1-26   CJ1W-SCU31-V1 通信端口接线示意图

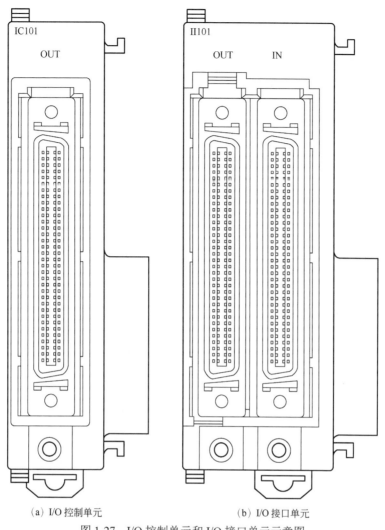

(a) I/O 控制单元　　　　　　　　　　(b) I/O 接口单元

图 1-27　I/O 控制单元和 I/O 接口单元示意图

1.3　欧姆龙 NS 系列触摸屏

1.3.1　功能与参数

欧姆龙 NS 系列触摸屏也称可编程终端（PT），主要功能有：

- 从主机读取数据，显示诸如系统和设备的运行状态、运行参数等信息；
- 通过触摸屏将运行命令和更改后的参数发送至主机；
- 显示报警信息，帮助操作人员采取适当的措施维护控制系统；
- 加装视频输入单元，显示视频图像。

NS 系列触摸屏按屏幕大小细分为 NS15、NS12、NS10、NS8 和 NS5 系列，其中 NS12 系列的是屏幕为 12.1 英寸，NS12 系列又根据是否支持以太网通信、外壳颜色等分出不同的型号，其主要参数为：分辨率 800×600 点、256 色、加亮 TFT LCD。

NS12 系列 PT 前面板示意图见图 1-28，整个显示器为触摸面板用作输入装置，没有其他按键，只有 1 个 RUN 指示灯，电源接通后 PT 启动过程中为橙色指示，启动完成进入正常运行状态时为绿色指示，启动出现错误时为红色指示，指示灯在存储卡操作时闪烁。

图 1-28　NS12 系列 PT 前面板示意图

NS12 系列 PT 后面板示意图见图 1-29，电源端子接 DC24V 电源，主 USB 用来连接外

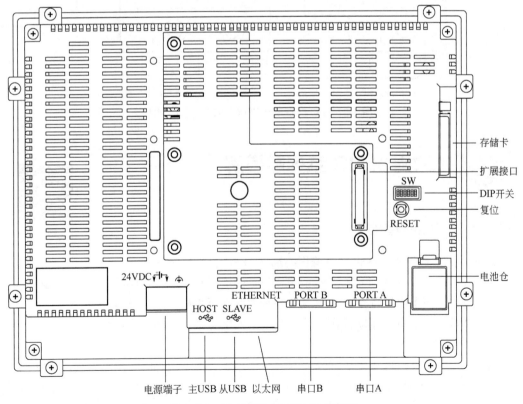

图 1-29　NS12 系列 PT 后面板示意图

部 USB 设备如打印机,从 USB 用来连接上位机传输触屏程序,以太网接口通过交换机与 CPU 通信,同时可以连接上位机传输触屏程序,串口 A 和 B 为 RS-232 接口,用来连接条形码阅读器,也可以经 RS-422/RS-485 转换装置连接主机,触摸屏串口接线示意图见图 1-30。

电池仓里的电池型号同 CPU 电池,使用寿命约 5 年,当电池电量不足时前面板指示灯会由绿色变为橙色。复位按钮、DIP 开关和存储卡一般不用,特殊情况下用于传输触摸屏程序、恢复或升级系统程序。扩展接口连接器用来安装视频输入装置或 Controller Link 接口装置。

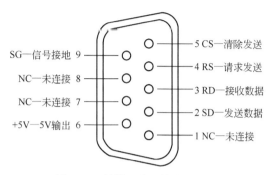

图 1-30　触摸屏串口接线示意图

1.3.2　系统参数设置

PT 启动后先自检,自检成功后开始运行,如果已下载过项目直接进入项目界面,初次上电会弹出如图 1-31 所示无项目数据报警对话框,按"OK"按钮进入系统参数设置界面,见图 1-32,出厂默认为英文界面,首先选择中文界面,按"Write"按钮,然后会出现确认对话框,确认后转为中文界面,见图 1-33。

图 1-31　无项目数据报警对话框

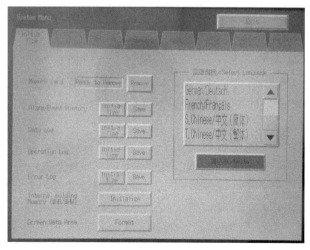

图 1-32　系统参数设置界面

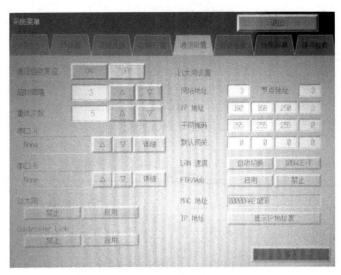

图 1-33　中文界面

系统参数主菜单有初始化、PT 设置、项目设置、密码设置、通信设置、数据检查、特殊屏幕和硬件检查。各菜单主要功能如下：

- 初始化——选择语言，日志、内部存储器和项目数据初始化；
- PT 设置——日期、时间设置，屏幕保护、按键声音、背景灯设置，打印机设置等；
- 项目设置——项目名称、标签数、初始屏幕和初始标签设置；
- 密码设置——密码设置与更改；
- 通信设置——串口通信协议设置，以太网 IP 地址等参数设置；
- 数据检查——检查当前项目中各屏幕中控件所用数据地址；
- 特殊屏幕——查看警报、操作日志和错误日志信息，查看系统版本等；
- 硬件检查——LCD 检查和触摸式开关检查。

1.3.3　与主机通信

欧姆龙可编程终端（PT）与主机通信主要有两种方式：以太网和 1:N NT Link，推荐使用以太网，该方式调试时笔记本接入交换机，既可对 PLC 编程，也可对触屏编程，方便系统维护和调试工作，使用 1:N NT Link 与主机通信，调试时笔记本需要用 USB 接口分别连接 PT 和 PLC。

NT Link 是一种采用欧姆龙专用协议在 PLC 和 PT 间进行高速通信方法，"1:1 NT Link"是指 1:1 配置的 NT Link，即单个 PT 与单个 PLC 连接，"1:N NT Link"是指 1:N 配置的 NT Link，如多个 PT 和 PLC 通信。

以太网通信方式时 PT 与主机的连接方式既可以直接一对一连接，也可以通过交换机实现多 PT 和多主机的同时连接。1:N NT Link 通信方式时 PT 与主机的连接方式一般采取一对一连接，也可采用单台主机与多个 PT 连接，当单个 PT 连接多台主机通信方式时，只能用串口 A 和串口 B 分别连接两个主机，如果想连接更多主机，可采用以太网连接的方式。

第 2 章

欧姆龙 PLC 指令系统

欧姆龙 PLC 指令主要有位逻辑指令、定时器和计数器指令、数据处理指令、浮点数运算指令、数据控制指令、串行通信指令和网络通信指令等。本章讲解其中较常用的指令,并结合示例帮助读者理解指令的运用。

 ## 2.1 欧姆龙 PLC 编程基础

2.1.1 数据类型

PLC 编程不仅要处理逻辑量,还要处理模拟量,涉及数据运算,在编程前要建立符号(变量)表,编辑变量的名称、数据类型和地址,尤其要注意地址的分配,不能出现重叠,否则会出现程序编译通过但运行出错的情况。欧姆龙 PLC 定义的数据类型见表 2-1,参与数据运算的变量一般可设为整数或浮点数,尽量不用 BCD 数。

表 2-1 欧姆龙 PLC 定义的数据类型

类型	说明	取值范围
BOOL	位	0, 1
UINT	1 字无符号整数	$0 \sim 2^{16}-1$
UDINT	2 字无符号整数	$0 \sim 2^{32}-1$
ULINT	4 字无符号整数	$0 \sim 2^{64}-1$
UINT BCD	1 字 BCD 整数	#0 ~ #9999
INT	1 字整数	$-2^{15} \sim +2^{15}-1$
DINT	2 字整数	$-2^{31} \sim +2^{31}-1$
LINT	4 字整数	$-2^{63} \sim +2^{63}-1$
UDINT BCD	2 字 BCD 整数	#0 ~ #99999999
ULINT BCD	4 字 BCD 整数	#0 ~ #9999999999999999

类型	说明	取值范围
REAL	2 字浮点数（单精度）	−3.40282×10^38～+3.40282×10^38
LREAL	4 字浮点数（双精度）	−1.7977×10^308～+1.7977×10^308
CHANNEL	字（十六进制）	#0 ～ #FFFF
NUMBER	常数或编号	
WORD	1 字（十六进制）	#0 ～ #FFFF
DWORD	2 字（十六进制）	#0 ～ #FFFFFFFF
LWORD	4 字（十六进制）	#0 ～ #FFFFFFFFFFFFFFFF
STRING	字符串	1 ～ 255 ASCII 字符

PLC 指令中操作数可以是变量或常数，变量用符号或地址表示，常数的表示方法见表 2-2，必须在数值前面加符号来区别数据格式，常数的数据类型由指令要求决定，与符号无关。

表 2-2　常数的表示方法

常数	数据格式	符号	示例
整数	十六进制	#	#000A 表示 10 #FFF6（INT）表示-10 #FFF6（UINT）表示 65526
	带符号十进制	+ 或 -	+10 表示 10 -10 表示-10
	不带符号十进制	&	&10 表示 10
	BCD	#	#10 表示 10
浮点数	十进制	+ 或 -	+10 表示 10.0 -1.2 表示-1.2
	十六进制	#	#41200000 表示 10.0 #C1200000 表示-10.0

2.1.2　存储器区

I/O 存储器区结构见表 2-3，CIO 区中 I/O 区对应开关量输入、输出单元，特殊 I/O 单元区对应模拟量输入、输出单元，其他区则靠前面字符区分不同的存储区。各存储区都允许读取，除部分辅助区和任务标志区禁止写入，其他区域都是允许写入的。常用的工作区（W 区）在 PLC 状态改变时存储区会清零，常用的数据存储区（DM 区）在 PLC 状态改变时（包括重新上电）存储区会保持不变。

表 2-3　I/O 存储器区结构

区域		大小	范围	读	写	数据保持
CIO 区	I/O 区	2560 位 （160 字）	0～159	允许	允许	清除
	数据连接区	3200 位 （200 字）	1000～1199	允许	允许	
	CPU 总线单元区	6400 位 （400 字）	1500～1899	允许	允许	

区域		大小	范围	读	写	数据保持
CIO 区	特殊 I/O 单元区	15360 位 （960 字）	2000～2959	允许	允许	清除
	Device Net 区	9600 位 （600 字）	3200～3799	允许	允许	
	内部 I/O 区	3200 位 （200 字）	1300～1499	允许	允许	
		37504 位 （2344 字）	3800～6143	允许	允许	
工作区（W）		8192 位 （512 字）	W0～W511	允许	允许	清除
保持区（H）		8192 位 （512 字）	H0～H511	允许	允许	保持
辅助区（A）		48128 位 （3008 字）	A0～A447	允许	禁止	取决于地址
			A448～A959	允许	允许	
			A960～A1471	允许	禁止	
			A10000～A11535	允许	禁止	
暂存继电器区（TR）		16 位	TR0～TR15	允许	允许	清除
数据存储器区（D） DM 区		32768 字	D0～D32767	允许	允许	保持
扩展数据存储器区（E） EM 区		32768 字	E00_0～E18_32767	允许	允许	保持
定时器完成标志区（T）		4096 位	T0～T4095	允许	允许	清除
计数器完成标志区（C）		4096 位	C0～C4095	允许	允许	保持
定时器 PV 区（T）		4096 字	T0～T4095	允许	允许	清除
计数器 PV 区（C）		4096 字	C0～C4095	允许	允许	保持
任务标志区（TK）		128 位	TK0～TK127	允许	禁止	清除
变址存储器（IR）		16 存储器	IR0～IR15			清除
数据存储器（DR）		16 存储器	DR0～DR15	允许	允许	清除

2.1.3　存储器区寻址

（1）直接寻址

① 字地址　1 个字由 2 个字节组成，占用 16 位存储空间，字地址用编号来表示，参照表 2-3，表中"范围"列即各种存储器区域字地址的范围，如地址 1 中的值表示基本 I/O 单元的输入或输出值，地址 2001 中的值表示特殊 I/O 单元的输入或输出值，地址 D2001 表示数据存储器区中编号为 2001 的字。

② 位地址　每个字含 16 个位，高位在前，位编号范围：00～15，位地址用字地址+"."+位编号组成，如 0.00 表示基本 I/O 单元的输入或输出位，W10.12 表示工作区中字 10 的 12 位。

（2）间接寻址

① 相对寻址　在字的前面加上符号@，则定义了字的相对地址。例如当 D100 中的值为&10 时，@D100 表示的地址为 D10。

② 偏移寻址　在字的后面加上方括号[ ]，方括号中的常量或变量则定义了字的偏移地址。字的偏移寻址也可理解为字的数组，例如 D100[0]即 D100、D100[10]即 D110，当 W10 中的值为&20 时，D100[W10]即 D120。

位地址也支持偏移寻址，例如 W100.00[3] 等效于 W100.03。

 ## 2.2　欧姆龙 PLC 常用指令

2.2.1　位逻辑指令

位逻辑指令包括接点取用、接点间的逻辑和线圈输出等指令，接点和线圈对应 PLC 存储器中的某一位，对于 I/O 区存储器则对应实际的输入、输出接点，其他区则可视为中间接点。

（1）接点取用指令

常用接点类型见表 2-4，在梯形图中对于编辑过的接点位，上侧显示该位符号，下侧显示注释，增强梯形图的可读性。常开接点是基本接点，常闭接点可通过常开接点取反获得，上升沿表示该接点由 0 变 1 时，在接下来的本循环周期内瞬间导通，下降沿表示该接点由 1 变 0 时，在接下来的本循环周期内瞬间导通。

表 2-4　常用接点类型

梯形图	符号 ——┤├—— 注释	符号 ——┤/├—— 注释	符号 ——┤↑├—— 注释	符号 ——┤↓├—— 注释
说明	常开接点	常闭接点（取反）	上升沿接点	下降沿接点

接点可取用系统自带的辅助接点，常用系统辅助接点见表 2-5。时钟脉冲位的周期分 0.1ms、1ms、0.01s、0.02s、0.1s、0.2s、1s 和 1min，表中只列了 0.2s 和 1s，以 1s 时钟脉冲位为例，指在 1s 周期内有 0.5s 接通、0.5s 断开，配合上升沿或下降沿能实现 1s 只执行 1 次的效果。电池电量低标志可通过编程触发系统报警。第一次循环标志用来初始化一些存储器的值。常通标志位作为虚拟输入位，常用于连接不允许与左母线直接连接的指令，也可用于合并多个程序条。

表 2-5　常用系统辅助接点

梯形图	符号	注释
P_0_2s ——┤├—— 0.2s时钟脉冲位	P_0_2s	0.2s 时钟脉冲位
P_1s ——┤├—— 1.0s时钟脉冲位	P_1s	1.0s 时钟脉冲位
P_Low_Battery ——┤├—— 电池电量低标志	P_Low_Battery	电池电量低标志
P_First_Cycle ——┤├—— 第一次循环标志	P_First_Cycle	第一次循环标志

梯形图	符号	注释
P_Off ──┤├── 常断标志	P_Off	常断标志位
P_On ──┤├── 常通标志	P_On	常通标志位
P_EQ ──┤├── 等于(EQ)标志	P_EQ	等于标志
P_GT ──┤├── 大于(GT)标志	P_GT	大于标志
P_LT ──┤├── 小于(LT)标志	P_LT	小于标志
P_CY ──┤├── 进位(CY)标志	P_CY	进位标志
P_ER ──┤├── 指令执行错误	P_ER	指令执行错误标志

（2）接点逻辑指令

在梯形图中，接点之间、指令之间、指令块之间及其相互间的串联关系即逻辑与，并联关系即逻辑或。梯形图中的逻辑编程首先考虑的是驱动流向，分析时才有逻辑的概念，也可以说梯形图是没有逻辑指令的，逻辑是依靠接点、指令的串联或并联关系实现的。

（3）线圈输出指令

常用线圈输出指令见表 2-6，输出、输出非指令中线圈状态由执行条件决定，保持、置位和复位指令中线圈状态具有保持功能。

表 2-6　常用线圈输出指令

指令	梯形图	功能
输出	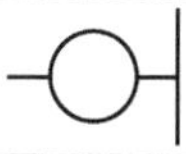 ──( )──	常开线圈，右侧接右母线，左侧通过接点或指令与左母线连通时线圈吸合
输出非	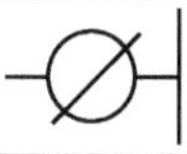 ──(∅)──	常闭线圈，常开线圈的取反，左侧通过接点或指令与左母线连通时线圈释放
保持	S(置位) ── KEEP(011) / B / R(复位)	锁存继电器，置位时输出，置位结束后直至复位一直保持输出，复位变为无输出，同时置位、复位无输出，复位优先
置位	SET / B	SET 在输入为 ON 时，把操作位 B 变为 ON
复位	RSET / B	RSET 在输入为 ON 时，把操作位 B 变为 OFF

（4）位逻辑指令应用示例

功能要求：实现电动机启停控制功能，按下启动按钮 SB1 时接触器 KM 吸合，电动机启动，按下停止按钮 SB2 时接触器释放，电动机停止。

位逻辑指令应用示例梯形图见图 2-1，用 3 种方法实现了所要求的功能。方法 1 是常规方法，按下启动按钮 SB1 时接触器 KM 吸合，KM 常开接点闭合，与启动按钮并联实现自保持，按下停止按钮 SB2 时接触器释放，KM 常开接点打开，自保持回路断开。方法 2 利用保持指令实现，按下启动按钮 SB1，接触器 KM 吸合并保持，按下停止按钮 SB2 时接触器 KM 释放并保持。方法 3 利用置位、复位指令实现，按下启动按钮 SB1 时 KM 置位，按下停止按钮 SB2 时 KM 复位，这种方法在梯形图中重复使用 KM 输出，程序编译时会有警告，虽不影响运行效果，但不建议使用。

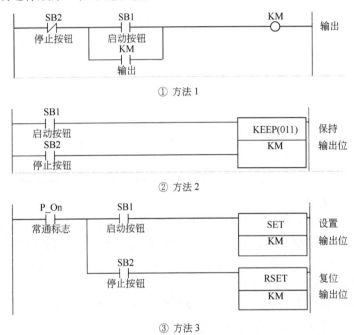

图 2-1　位逻辑指令应用示例梯形图

2.2.2　定时器和计数器指令

（1）定时器

常用定时器指令见表 2-7，0.1s、10ms、1ms 定时器和累加定时器中都使用定时器编号，注意定时器编号的分配不能冲突，共有 65536 个定时器可用，根据定时时间和定时器设定值范围选择定时器类型，长定时器使用 UDINT 类型数据实现了长时间定时，占用存储器的末位存储标志位，不受定时器编号限制，当前值输出到双字存储器。

表 2-7　常用定时器指令

指令	梯形图	操作数说明	功能说明
0.1s 定时器	TIMX(550) N S	N：定时器编号 范围 0～4095 S：定时器设定值 范围 &0～&65535（UINT）	输入为 ON 时，定时器开始计时，计时时间到后完成标志变 ON。 输入为 OFF 时，完成标志变为 OFF
10ms 定时器	TIMHX(551) N S		

指令	梯形图	操作数说明	功能说明
1ms 定时器	TMHHX(552) N S	N：定时器编号 范围 0～4095 S：定时器设定值 范围&0～&65535（UINT）	输入为 ON 时，定时器开始计时，计时时间到后完成标志变 ON。 输入为 OFF 时，完成标志变为 OFF
累加 定时器	定时器 输入　TTIMX(555) N S 复位 输入	N：定时器编号 范围 0～4095 S：定时器设定值 范围&0～&65535（UINT）	输入为 ON 时，定时器开始计时， 输入为 OFF 时，定时器停止计时， 计时时间到后完成标志变 ON， 复位为 ON 时，完成标志变为 OFF
0.1s 长定时器	TIMLX(553) D1 D2 S	D1：D1 的 00 位为完成标志 （UINT） D2：当前值输出（UDINT） S：设定值 范围 0 ～ 2^32-1（UDINT）	输入为 ON 时，D2 开始倒计时，计时为 0 后 D1 的末位变为 1。 输入为 OFF 时，D1 的末位变为 0，D2 等 于 S

（2）计数器

常用计数器指令见表 2-8，其中复位指令可批量复位定时器或计数器，操作数是定时器编号时复位定时器，操作数是计数器编号时复位计数器。

表 2-8　常用计数器指令

指令	梯形图	操作数说明	功能说明
计数器	计数器 输入　CNTX(546) N S 复位 输入	N：计数器编号 范围 0～4095 S：计数器设定值 范围&0～&65535（UINT）	每输入 1 个脉冲计数值减 1，当计数值为 0 时， 计数器完成标志变 ON。 复位为 ON 时，完成标志变为 OFF，计数值初始 为设定值
复位 定时器/ 计数器	CNRX(547) N1 N2	N1：范围中第一个编号 N2：范围中最后一个编号	批量复位定时器或计数器，例如：N1=T0，N2=T3 时，复位定时器 T0～T3 N1=C2，N2=C5 时，复位计数器 C2～C5

（3）定时器、计数器指令应用示例

功能要求：实现 2 路电磁阀控制，1#电磁阀循环动作，关闭 3s、打开 2s，1#电磁阀每打开 3 次 2#电磁阀同步打开一次。

定时器、计数器指令应用示例梯形图见图 2-2，定时器 0 先启动，3s 后定时时间到，定时器 0 常开接点 TIMX0 闭合，打开 1#电磁阀，同时启动定时器 1，2s 后定时器 1 常闭接点 TIMX1 断开，复位定时器 0，定时器 0 常开接点 TIMX0 断开，关闭 1#电磁阀，同时复位定时器 1，重新开始循环。用 1#电磁阀接点上升沿给计数器 0 提供计数脉冲，第 3 个脉冲时计数器 0 常开接点 CNTX1 闭合，此时 1#电磁阀接点闭合，2#电磁阀打开，当 1#电磁阀关闭时，2#电磁阀同步关闭，2#电磁阀接点下降沿复位计数器，重新开始计数。

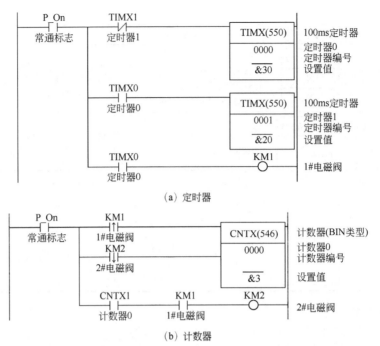

（a）定时器

（b）计数器

图 2-2　定时器、计数器指令应用示例梯形图

2.2.3　比较指令

（1）数据比较和范围比较

常用比较指令见表 2-9。数据比较指令比较 S1 和 S2 是否符合符号所表达的关系，符合就有输出，否则无输出，要求 S1 和 S2 具有相同数据类型，且数据类型与选项所表达的数据类型一致，否则程序编译时出现数据类型不兼容警告。范围比较指令比较数据 CD 与上限 UL、下限 LL 的关系，比较结果要辅助继电器接点查看，当 LL≤CD≤UL 时，P_EQ=1，当 CD<LL 时，P_LT=1，当 CD>UL 时，P_GT=1。

表 2-9　常用比较指令

指令	梯形图	符号	选项
数据比较	符号和选项 S1 S2 S1：比较数据 1 S2：比较数据 2	>：大于 >=：大于等于 =：等于 <=：小于等于 <：小于 <>：不等于	无：UINT 数据比较 $：字符串比较 D：双精度浮点数比较 F：单精度浮点数比较 L：UDINT 数据比较 S：INT 数据比较 SL：DINT 数据比较
范围比较	符号 CD LL UL	ZCP：范围 CD：比较数据 LL：范围下限 UL：范围上限	无：UINT 数据比较 L：UDINT 数据比较 S：INT 数据比较 SL：DINT 数据比较

（2）比较指令应用示例

功能要求：储液罐液位值已转为百分值，液位大于 80 时启动排液泵，液位小于 30 时停止排液泵。

比较指令应用示例梯形图见图 2-3，液位大于 80 时 KM 启动，排液后液位下降，因 KM 接点闭合，液位低于 80 时排液泵并不会停止，直至液位低于 30 时才会停止。

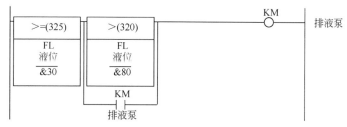

图 2-3　比较指令应用示例梯形图

2.2.4　数据传送指令

数据传送指令主要用于存储器赋初值或存储器间拷贝数据，常用数据传送指令见表 2-10。字传送、双字传送和块传送功能相似，仅是传送数据量不同，传送功能不考虑操作数的数据类型，以不改变位的状态来传送。字交换是把两个字的内容进行交换，也是按位交换，不考虑数据类型。

表 2-10　常用数据传送指令

指令	梯形图	操作数说明	功能说明
字传送	MOV(021) S D	S：源字 D：目的字	传送 1 个字，源字是常量时给目的字赋值
双字传送	MOVL(498) S D	S：源起始字 D：目的起始字	传送 2 个字，注意操作数是单字
块传送	XFER(070) N S D	N：字的数量 S：源起始字 D：目的起始字	传送 N 个字
字交换	XCHG(073) E1 E2	S：源起始字 D：目的起始字	两个字交换

2.2.5　递增、递减指令

递增是指将存储器内容加 1，递减是指将存储器内容减 1，递增、递减指令见表 2-11，递增符号为++，递减符号为--，选项确定了存储器数据格式。PLC 编程尽量不用 BCD 格式的操作数，原因一是格式转换复杂，容易出错，二是 PLC 对 BCD 格式数据的运算耗时较长。

表 2-11　递增、递减指令

指令	梯形图	符号	选项
递增/ 递减	符号及选项 Wd Wd：字	++：递增 —：递减	无：字 L：双字，操作数为双字的首字 B：BCD BL：双字 BCD

2.2.6　顺序控制指令

顺序控制指令包括结束指令、空操作指令、联锁指令、跳转指令和循环指令，其中结束指令在程序末尾会自动生成，如果程序在符合某种条件下需要提前结束才会添加结束指令，空操作指令在单片机编程中用于短暂延时，PLC 编程中基本不用。

（1）联锁指令

联锁指令示例梯形图见图 2-4，联锁指令中 IL（互锁）和 ILC（清除互锁）两条指令成对使用，联锁指令相当于是一种跳转指令，当执行条件为 ON 时执行程序联锁区中的程序，当执行条件为 OFF 时跳过程序联锁区中的程序往下执行。

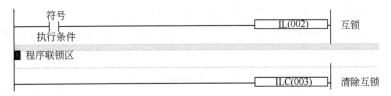

图 2-4　联锁指令示例梯形图

（2）跳转指令

跳转指令示例梯形图见图 2-5，跳转指令 JMP 和跳转结束指令 JME 成对使用并使用同一跳转号，当执行条件为 ON 时程序顺序执行，当执行条件为 OFF 时跳到同一跳转号的跳转结束指令处往下执行。条件跳转指令 CJP 和跳转结束指令 JME 成对使用时，逻辑与 JMP 相反，当执行条件为 ON 时程序跳转。

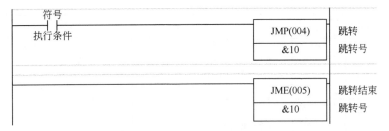

图 2-5　跳转指令示例梯形图

（3）循环指令

循环指令示例梯形图见图 2-6，循环指令 FOR 指定了循环次数，没有终止指令 BREAK 时按循环次数循环执行 FOR 与 NEXT 之间的程序，执行指定次数后跳出循环，加入终止指令 BREAK 后，当执行条件为 ON 时提前跳出循环。

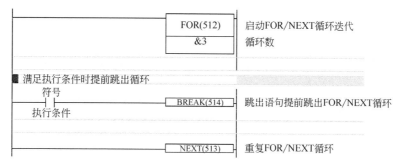

图 2-6　循环指令示例梯形图

2.2.7　四则运算指令

四则运算指令见表 2-12，PLC 的四则运算指整数的加减乘除，每种运算按照操作数的数据类型又分多种指令。加、减法要求操作数为有符号整数，使用无符号整数在程序编译时会出现警告。乘法要注意乘数和结果数据类型不同，除法要注意余数的存储器地址为商的地址加 1，该地址在程序中不要再使用，否则程序运行时会出现不可预知的错误。

表 2-12　四则运算指令

指令	梯形图	操作数	选项
加法	+ 选项 Au Ad R	Au：被加字 Ad：加字 R：结果字	无：INT 数据相加，结果为 INT L：DINT 数据相加，结果为 DINT
减法	- 选项 Mi Su R	Mi：被减字 Su：减字 R：结果字	无：INT 数据相减，结果为 INT L：DINT 数据相减，结果为 DINT
乘法	* 选项 Md Mr R	Md：被乘字 Mr：乘字 R：结果字	无：INT 数据相乘，结果为 DINT L：DINT 数据相乘，结果为 LINT U：UINT 数据相乘，结果为 UDINT UL：UDINT 数据相乘，结果为 ULINT
除法	/ 选项 Dd Dr R	Dd：被除字 Dr：除字 R：结果字	无：INT 数据除法，商为 INT，余数为 INT L：DINT 数据除法，商为 DINT，余数为 DINT U：UINT 数据除法，商为 UINT，余数为 UINT UL：UDINT 数据除法，商为 UDINT，余数为 UDINT

乘法、除法计算示例见图 2-7。乘法运算中乘数 D100、被乘数 D101 的数据类型都是 INT，计算结果 D102 的数据类型为 DINT，如果将 D102 定义为 INT 则会得到错误结果。除法运算中操作数 D110、D111 和 D112 的数据类型都是 INT，程序中看不出和 D113 的关系，但是程序运算后会将余数放入 D113，如果程序中别处使用了 D113，会被此次除法操作改写，如果 D112 的数据类型定义为 DINT，则会得到错误结果。

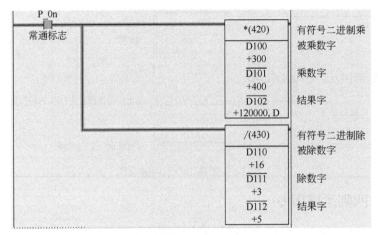

（a）梯形图

PLC名称	名称	地址	数据类型/格式	值
MyPLC		D100	INT (有符号小数,通道)	+300
MyPLC		D101	INT (有符号小数,通道)	+400
MyPLC		D102	DINT (有符号小数,双倍长度)	+120000,D
MyPLC		D102	INT (有符号小数,通道)	-11072
MyPLC		D103	INT (有符号小数,通道)	+1
MyPLC		D110	INT (有符号小数,通道)	+16
MyPLC		D111	INT (有符号小数,通道)	+3
MyPLC		D112	INT (有符号小数,通道)	+5
MyPLC		D113	INT (有符号小数,通道)	+1
MyPLC		D112	DINT (有符号小数,双倍长度)	+65541,D

（b）数据查看

图 2-7　乘法、除法计算示例

2.2.8　浮点数运算指令

常用浮点数运算指令见表 2-13，浮点数运算指令包括浮点数与其他数据类型的转换、浮点数的四则运算及三角函数等常用函数。浮点数运算不用考虑符号和进位，使用时不易出错，运算速度也不慢，推荐使用浮点数运算。

表 2-13　常用浮点数运算指令

指令	梯形图	操作数	说明
浮点数传送	MOVF(469) S D	S：源首字 D：目的首字	S 和 D 均为浮点数
浮点数→16 位	FIX(450) S R	S：源首字 R：结果字	浮点数转为 INT
浮点数→32 位	FIXL(451) S R	S：源首字 R：结果首字	浮点数转为 DINT

指令	梯形图	操作数	说明
16 位→ 浮点数	FLT(452) S R	S：源字 R：结果首字	INT 转为浮点数
32 位→ 浮点数	FLTL(453) S R	S：源首字 R：结果首字	DINT 转为浮点数
浮点数 加法	+F(454) Au Ad R	Au：被加数首字 Ad：加数首字 R：结果首字	操作数均为浮点数
浮点数 减法	−F(455) Mi Su R	Mi：被减数首字 Su：减数首字 R：结果首字	操作数均为浮点数
浮点数 乘法	*F(456) Md Mr R	Md：被乘数首字 Mr：乘数首字 R：结果首字	操作数均为浮点数
浮点数 除法	/F(457) Dd Dr R	Dd：被除数首字 Dr：除数首字 R：结果首字	操作数均为浮点数
浮点数 函数	函数符号 S R	S：源首字 R：结果首字	函数符号说明： RAD：度→弧度 DEG：弧度→度 SIN：正弦 COS：余弦 TAN：正切 ASIN：反正弦 ACOS：反余弦 ATAN：反正切 SQRT：平方根 EXP：自然指数（底为 e） LOG：自然对数（底为 e）
指数幂	PWR(840) B E R	B：基础首字 E：指数首字 R：结果首字	操作数均为浮点数

第 2 章 欧姆龙 PLC 指令系统

2.2.9 数据控制指令

常用数据控制指令见表 2-14。PID 控制是最常用的数据控制指令，将输入值与设定值比较，进行 PID 运算，输出计算结果，调节控制系统使得输入值尽量接近于设定值。其中操作数 C 为参数首字，程序对 C 及其后面的 8 个字进行设置以实现 PID 控制，具体的 PID 参数设置说明见表 2-15，参数 C+9～C+38 为 PID 运算区，程序不可对其操作，程序变量不得占用该区域地址。

表 2-14　常用数据控制指令

指令	梯形图	操作数	说明
PID 控制	PID(190) / S / C / D	S：输入字 C：参数首字 D：输出字	输入、输出数据类型均为 UINT C：设定值 C+1：比例 P C+2：积分常数 C+3：微分常数 C+4：采样周期 C+5 ～ C+8：PID 控制参数 C+9 ～ C+38：PID 运算区
限位 控制	LMT(680) / S / C / D	S：输入字 C：限位首字 D：输出字	C：下限　　C+1：上限 当 S 在上、下限之间时，D=S 当 S＞C+1 时，D=C+1 当 S＜C 时，D=C
静带 控制	BAND(681) / S / C / D	S：输入字 C：限位首字 D：输出字	C：下限　　C+1：上限 当 S 在上、下限之间时，D=0 当 S＞C+1 时，D=S-（C+1） 当 S＜C 时，D=S-C
静域 控制	ZONE(682) / S / C / D	S：输入字 C：限位首字 D：输出字	C：负偏移　　C+1：正偏移 当 S=0 时，D=0 当 S＞0 时，D=S+（C+1） 当 S＜0 时，D=S+C

表 2-15　具体的 PID 参数设置说明

参数地址	参数名称	参数说明	设定范围
C	设定值（SV）	控制对象目标值	范围不超出输入量范围
C+1	比例（P）	比例控制参数，单位 0.1%	#0001～#270F 对应 0.1%～999.9%
C+2	积分常数（Tik）	积分常数越大，积分效果越强 值为 9999 时，关闭积分功能	#0001～#1FFF 单位选择 1 时对应 1～8191 倍 单位选择 9 时对应 0.1～819.1s
C+3	微分常数（Tdk）	微分常数越大，微分效果越弱 值为 0 时，关闭微分功能	#0001～#1FFF 单位选择 1 时对应 1～8191 倍 单位选择 9 时对应 0.1～819.1s
C+4	采样周期（τ）	PID 运算周期，单位 10ms	#0001～#270F：对应 0.01～99.99s
C+5 位 4～15	滤波系数（α）	输入滤波系数，通常使用 0.65。 值越小滤波器效果越弱	#000：α=0.65 #100～#163：低 2 位对应 0.00～0.99

参数地址	参数名称	参数说明	设定范围
C+5 位 3	输出指定	指定输入值等于设定值时的输出量	0: 输出 0% 1: 输出 50%
C+5 位 1	PID 参数刷新	PID 参数刷新条件	0: 仅在输入条件上升沿 1: 输入条件上升沿及每个取样周期
C+5 位 0	PID 动作方向	逆动作指输入值偏高时,减少输出量来降低输入值,例如进水泵的液位控制; 正动作指输入值偏高时,增加输出量来降低输入值,例如排水泵的液位控制	0: 逆动作 1: 正动作
C+6 位 12	输出量限位使能	是否按输出范围设定限制输出量	0: 不限制 1: 限制
C+6 位 8~11	输入量精度	输入量有效数据位数	n: n+8 位 (0≤n≤8) 例如: 0: 8 位　8: 16 位
C+6 位 4~7	微积分常数单位	选择微积分常数单位	1: 采样周期倍数 9: 0.1s
C+6 位 0~3	输出量精度	输出量有效数据位数	n: n+8 位 (0≤n≤8) 例如: 0: 8 位　8: 16 位
C+7	输出量下限	输出量限位使能时有效	#0~#FFFF
C+8	输出量上限	输出量限位使能时有效	#0~#FFFF

2.2.10 子程序指令

子程序指令用于实现相同代码的多次调用,例如某 PLC 控制系统使用了模拟量输入模块,每个输入通道都需要将采样值转为实际工艺参数值,这个转换过程可以编个子程序,不同通道转换时都调用这个子程序。

首先要根据功能要求确定转换公式,然后用子程序实现公式的计算。当使用模拟量单元 CJ1W-AD081-V1 时,传感器量程下限对应 4mA,采样值为 0,传感器量程上限对应 20mA,采样值为 4000,设模拟量转换公式为:

$$y=kx+b$$

式中　y——转换结果;

k——转换系数;

x——采样值;

b——转换常数。

设量程上限为 max、下限为 min,根据公式有:

$$max=k \times 4000+b$$

$$min=k \times 0+b$$

求得: $b=min$, $k=$(max-min)/4000

转换公式为: $y=$(max-min)x/4000+min

模拟量转换子程序示例见图 2-8,子程序由子程序入口指令 SBN、程序内容和子程序返回指令 RET 组成,其中入口指令 SBN 的操作数指定了子程序号(范围: 0~255),子程序号用于区分不同的子程序,在调用子程序时通过序号调用指定子程序。模拟量转换子程序调用示例见图 2-9,调用子程序前需对量程上、下限和采样值赋值,计算结果输出到存储器 y。

子程序调用除了使用 SBS 指令,还可使用宏 MCRO 指令,其特点是固定使用 A600~A603

作为输入，A604~A607 作为输出，执行宏 MCRO 指令时带参数调用子程序。当 PLC 程序由多个任务组成时，可以在中断任务 0 中编写全局子程序，每个任务都可以调用全局子程序。

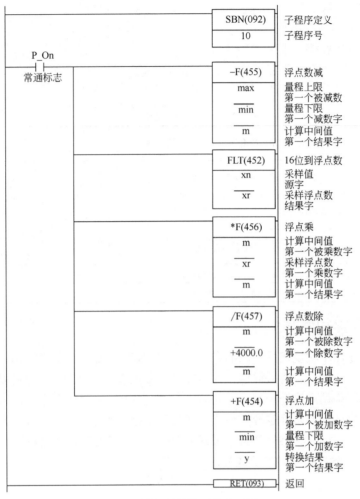

图 2-8　模拟量转换子程序示例

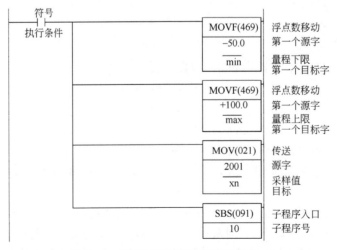

图 2-9　模拟量转换子程序调用示例

2.2.11 串行通信指令

（1）串行通信选件板

串行通信选件板的通信分有协议和无协议两大类。有协议通信只需设定相应的通信模式，不需要串行通信指令编程，支持的通信模式有 Host Link、NT Link、PC Link、Tool Bus 和串口网关等，用于和触摸屏、上位机和欧姆龙专用设备通信。无协议通信要先在 PLC 设定中选择 RS-232C 工作模式（表示无协议通信，不限于 RS-232 通信，可以是 RS-485 或 RS-422 通信），然后在程序中使用串行通信指令发送和接收数据，可以通过编程实现某种通信协议。

常用串行通信指令见表 2-16，发送指令和接收指令中控制字的位分解说明见图 2-10，对于串行通信选件板 C 设为#0000，字节数 N 的范围为 0~256。

发送指令可发送从 S 开始的存储器中的一帧数据，数据长度为 N 字节。接收指令将接收到的数据存放在 D 开始的存储器中，字节数 N 可以理解为在存储器区中开辟接收缓冲区，其值应大于等于接收到的最长数据帧长度，保证每次可以接收到完整数据帧。当接收数据长度小于 N 时，数据从存储器 D 开始保存，剩余未用部分保持原来数据；当接收数据长度大于 N 时，先接收 N 字节数据，剩余部分下次接收，且接收到的数据会覆盖前次接收到的数据，造成数据混乱，无法正确解析数据。

表 2-16　常用串行通信指令

指令	梯形图	操作数	说明
发送	TXD(236) S C N	S：源首址 C：控制字 N：字节数	从 CPU 内置串口发送指定字节数的数据
接收	RXD(235) D C N	D：目的首址 C：控制字 N：字节数	从 CPU 内置串口读取指定字节数的数据

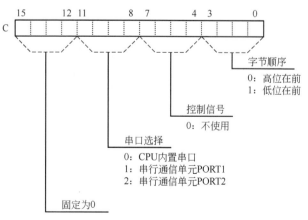

图 2-10　控制字的位分解说明

（2）无协议通信示例

功能要求：用串行通信读取温湿度传感器数据，该温湿度传感器的 RS-485 通信接口参数为：9600、n、8、1，支持 MODBUS-RTU 通信规约，出厂默认通信地址为 1，读取温湿度数据的通信报文见表 2-17。

表 2-17　读取温湿度数据的通信报文

读取命令		返回信息	
数据	说明	数据	说明
0x01	地址为 1	0x01	地址为 1
0x03	功能码为读取	0x03	功能码为读取
0x00	起始地址为 0	0x04	返回 4 字节
0x00		0x00	0x00FB=251
0x00	读取 2 个存储器	0xFB	温度：251/10=25.1
0x02		0x01	0x0175=373
0xC4	CRC 校验码	0x75	湿度：373/10=37.3
0x0B		0x4B	CRC 校验码
		0xB5	

无协议通信程序示例见图 2-11，每秒采集一次数据，发送数据前先将数据赋值给 D100

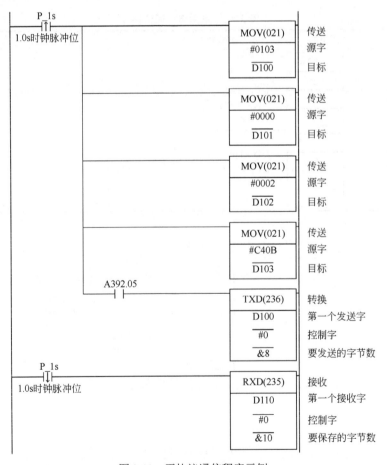

图 2-11　无协议通信程序示例

开始的存储器,发送命令前加个无协议模式下串行口通信允许标志位 A392.05,可防止上一帧数据未发送完就发送新的数据造成数据帧混乱,收到数据保存在 D110 开始的存储器中。测试时通信数据查看截图见图 2-12,数据按字节存放,数据处理只能按字处理,其中温度数据为#00FB,湿度数据为#0175,转换为 10 进制后再除以 10,得到温度值 25.1、湿度值 37.3。

地址	数据类型/格式	值
D100	WORD (十六进制,通道)	0103 十六进制
D101	WORD (十六进制,通道)	0000 十六进制
D102	WORD (十六进制,通道)	0002 十六进制
D103	WORD (十六进制,通道)	C40B 十六进制
A392....	BOOL (On/Off,接点)	1
D110	WORD (十六进制,通道)	0103 十六进制
D111	WORD (十六进制,通道)	0400 十六进制
D112	WORD (十六进制,通道)	FB01 十六进制
D113	WORD (十六进制,通道)	754B 十六进制
D114	WORD (十六进制,通道)	B500 十六进制

图 2-12　测试时通信数据查看截图

(3)协议宏

协议宏用在串行通信单元,先用协议宏软件 CX-Protocol 编写通信序列并传送到串行通信单元,然后在 PLC 编程中不用考虑数据通信过程,直接调用协议宏指令就可以得到通信结果数据。协议宏指令使用示例见图 2-13,串行通信单元号为 1,A202.01 是单元号为 1 的通信端口允许标志,每秒调用一次协议宏。

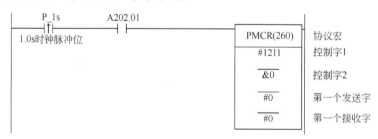

图 2-13　协议宏指令使用示例

协议宏控制字 1 是 4 位 16 进制数字,左数第 1 位数字 1 代表单元号,第 2 位数字 2 代表使用端口 2,后 2 位数字 11 指模块种类,该值表示 0x10(串行通信单元)+0x01(单元号)。控制字 2 为协议宏序列号,第一个发送字、接收字都为 0,发送和接收地址在通信序列中指定。

2.2.12　网络通信指令

(1)指令说明

常用网络通信指令见表 2-18,网络通信指令控制字说明见图 2-14,控制首字 C 定义了数据传输字数,C+1 一般设为 0,表示属于本地网络通信,C+2 用于设定远程接点号及其类型,C+3 设定了本地端口选择和发送指令响应方式,设为#0 时端口是 9600,如果设置了需要响应指令而实际无响应报文时,会重试,即重新发送报文,C+4 设定了响应监测时间,即使设定了需要响应而实际无响应报文,超过了监测时间后也会结束发送指令。

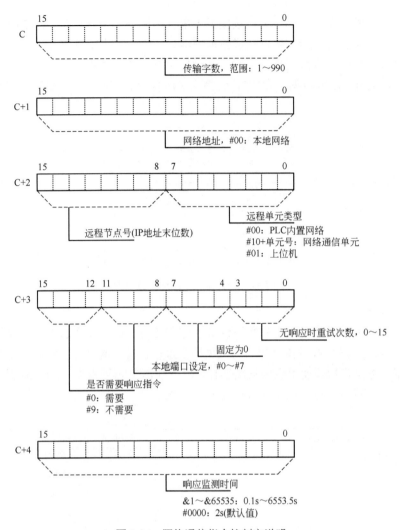

图 2-14　网络通信指令控制字说明

表 2-18　常用网络通信指令

指令	梯形图	操作数	说明
网络 发送	SEND(090) S D C	S：源首址 D：目的首字 C：控制首字	将本地节点从地址 S 开始的若干数据传输到目的节点，保存在从地址 D 开始的存储器中，控制字有 5 个字，定义了数据量和节点等信息
网络 接收	RECV(098) S D C	S：源首址 D：目的首字 C：控制首字	读取远程节点从地址 S 开始的若干数据，保存在本地节点地址 D 开始的存储器中，控制字有 5 个字，定义了数据量和节点等信息

（2）网络通信示例

　　APLC（192.168.250.2）每秒上升沿向 BPLC（192.168.250.3）发送一次数据，下降沿读取一次数据，网络数据传输程序示例见图 2-15，图中为 APLC 程序，BPLC 无需编写通信程序，程序中通信控制字首字为 D90，定义了传输数据量为 5 字，发送指令将 APLC 的 D100 开始的 5 个字传给 BPLC，读取指令读取 BPLC 从 D110 开始的 5 个字。

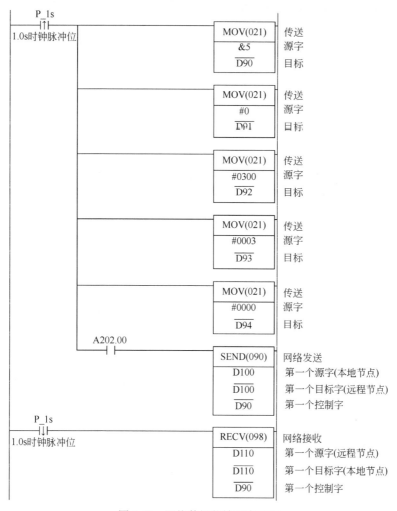

图 2-15　网络数据传输程序示例

两个 PLC 程序运行后，数据查看窗口截图见图 2-16，将 APLC 的 D100～D104 数值改动后，BPLC 对应数据随之改变，将 BPLC 的 D110～D114 数值改动后，APLC 对应数据随之改变，说明网络发送和网络接收指令执行正确。

PLC名称	地址	值		PLC名称	地址	值
APLC	D100	A001 十六进制		BPLC	D100	A001 十六进制
APLC	D101	A002 十六进制		BPLC	D101	A002 十六进制
APLC	D102	A003 十六进制		BPLC	D102	A003 十六进制
APLC	D103	A004 十六进制		BPLC	D103	A004 十六进制
APLC	D104	A005 十六进制		BPLC	D104	A005 十六进制
APLC	D110	B001 十六进制		BPLC	D110	B001 十六进制
APLC	D111	B002 十六进制		BPLC	D111	B002 十六进制
APLC	D112	B003 十六进制		BPLC	D112	B003 十六进制
APLC	D113	B004 十六进制		BPLC	D113	B004 十六进制
APLC	D114	B005 十六进制		BPLC	D114	B005 十六进制

图 2-16　数据查看窗口截图

欧姆龙 CX-One 软件包

欧姆龙 CX-One 是一个综合性软件包，集成了 PLC 编程软件、触摸屏编程软件、通信网络配置软件和模拟仿真调试软件等 10 多种软件，涵盖了欧姆龙工业控制系统中的各种应用软件。本章介绍 PLC 编程软件 CX-Programmer、触摸屏编程软件 CX-Designer 和协议宏软件 CX-Protocol 这 3 种最基本软件的使用方法。

3.1 欧姆龙 PLC 编程软件 CX-Programmer

3.1.1 初始界面

CX-Programmer 运行后的初始界面见图 3-1，初始界面只能看到菜单栏和工具栏，其中工具栏包含多个工具条，每个工具条可以根据使用习惯改变位置，也可以拖出来浮动在主界面上。对于初学者适合通过工具条来操作编程软件，用菜单操作不方便，用快捷键则需要练习一段时间才能适应，常用工具条及其功能说明见图3-2，工具条中的图标比较直观，容易记忆，记不清时，鼠标停在图标上方会给出功能提示。

图 3-1　CX-Programmer 运行后的初始界面

（a）标准工具条

（b）梯形图工具条

（c）程序工具条

（d）模拟调试工具条

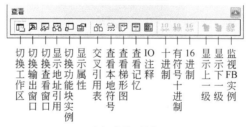

（e）查看工具条

（f）PLC工具条

图3-2　常用工具条及其功能说明

3.1.2 新建工程

（1）PLC 型号及网络类型选择

单击菜单栏"文件"→"新建"，或单击标准工具条中的"新建"图标，或使用快捷键"CtrL-N"开始新建一个工程，弹出 PLC 选择界面见图3-3，设备名称保留默认名称或根据工程名称重新命名，在"设备类型"中选择 PLC 的类型，在设定中选择具体的 PLC 型号。

网络类型指 PLC 编程计算机和 PLC 间的通信方式，对于 CJ2M 系列 PLC，网络类型有 USB 和EtherNet/IP 两种可选择，其中 USB 连接又分为直接连接和 USB→网络连接，网络类型示意图见图3-4，在 USB→网络连接方式下，编程计算机用 USB 接口连接网络中的 1 个 PLC，通过网络可连接到网络

图3-3 PLC 选择界面

中的其他 PLC。初次连接建议使用 USB 直接连接，软件中只做选择不需要设置，需要注意的是当初安装软件时已安装好与操作系统对应的 USB 驱动程序，如果要使用网络连接需要设置连接对象的 IP 地址。

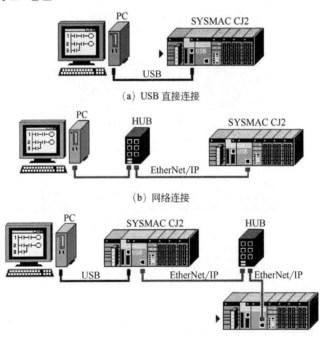

（a）USB 直接连接

（b）网络连接

（c）USB→网络连接

图3-4 网络类型示意图

（2）工程结构

选择 PLC 型号及其网络类型后，自动进入如图3-5 所示新建工程界面，离线状态和在线状态的切换通过"新 PLC"右键菜单或 PLC 工具条"在线工作"按钮来实现。界面中左侧是工程结构树状图，右侧是梯形图编辑界面。工程名称默认是"新工程"，在"新工程"

处通过右键菜单进入属性界面可修改工程名称，当工程中有多个 PLC 时，通过右键菜单"插入 PLC"添加新的 PLC。在线状态的树状图内容多了几项，其中 PLC 时钟可对 PLC 校时。

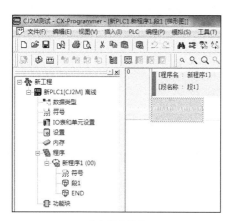

（a）离线状态

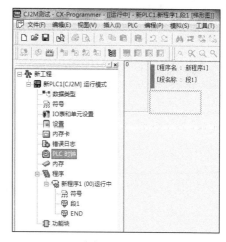

（b）在线状态

图 3-5　新建工程界面

编程软件和 PLC 的初始连接状态是离线状态，在离线状态可以编辑符号、编辑梯形图程序、编辑 IO 表和进行单元设置，转为在线状态后将编辑后的内容传送到 PLC。新工程的程序中会含有默认的新程序 1，如需更多程序，在"程序"处通过右键菜单"插入程序"添加新的程序。"新程序"中的符号属于本地符号，只能在本程序中使用，"新 PLC"中的符号为全局符号，可在所有程序中使用。功能块类似于函数，软件自带一些专用的功能块，可以在程序中调用，也可以自己编辑功能块方便在程序中多次调用，减少编程工作量。数据类型支持结构体数据类型，在 PLC 编程中使用较少。

（3）IO 表

IO 表和单元设置也称"硬件组态"，双击"IO 表和单元设置"进入 IO 表界面，见图 3-6，图中显示有 4 组主机架，每组 10 个空槽，按照实际的 PLC 系统组成，依次在对应空槽的位置通过右键菜单"添加单元"选择具体型号的设备加入。

图 3-6　IO 表界面

选择单元界面见图 3-7，单元共分 8 类，其中基本 I/O、通信适配器和通用模拟量 I/O 是最常用的单元，单击单元前面的 "+" 号会展开该单元，显示该单元内所包含的各种型号设备，双击选中的设备，该设备的型号会出现在原来是空槽的位置。

图 3-7　选择单元界面

在选择通信适配器和通用模拟量 I/O 单元后，会弹出界面确认单元号，建议使用系统自动分配的单元号，然后调整设备上的单元号设置与硬件组态一致。同类别单元内各设备的单元号不得重复，默认都是从 0 开始排序。

添加单元后的 IO 表界面见图 3-8，内置 CJ2M-EIP21 是 CPU 自带的，不需要手动添加，主机架手动添加了 5 个单元，其中前两个基本 I/O 单元不需要单元号，通用模拟量单元有两个，模拟量输出单元 CJ1W-DA08C 单元号为 0，模拟量输入单元 CJ1W-AD081-V1 单元号为 1，通信适配器单元有两个，CPU 自带网络通信单元 CJ2M-EIP21 默认单元号为 0，串行通信单元 CJ1W-SCU31-V1 单元号为 1。

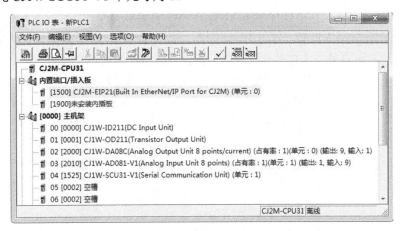

图 3-8　添加单元后的 IO 表界面

槽号后面方括号内数据为 CIO 区地址，DC 输入单元 CJ1W-ID211 占用地址 0，位 0.00～0.15 则对应该单元 16 路输入的状态，晶体管输出单元 CJ1W-OD211 占用地址 1，位 1.00～1.15 对应该单元 16 路输出的状态，模拟量单元占用的地址与该单元的单元号有关，单元号为 0 的模拟量单元占用 2000～2009，其中数据为该单元的参数设置以及 8 路模拟量数据。

添加单元后使 PLC 进入在线状态，在选项菜单中选择"传送到 PLC"，将硬件组态数据传到 PLC 中。选项菜单见图 3-9，单击"消耗和宽"，弹出消耗和宽界面见图 3-10，显示了电流、功率消耗，用以确定所选电源容量是否合适，显示的宽度为整个机架组合后的宽度，用以辅助设计控制柜内 PLC 的安装布局。

图 3-9　选项菜单

图 3-10　消耗和宽界面

（4）单元参数设置

基本 I/O 单元无需设置，其他单元双击或用单元的右键菜单可进入单元参数设置界面，图 3-11 是 CPU 网络单元参数设置界面，设置的 IP 地址末位值要和硬件设置的节点号一致，其余参数保留默认值即可，设置完成后单击"传送[PC 到单元]"，传送完成后提示重启单元，确认重启后新参数生效。传送时要求 PLC 为在线状态，模式为编程模式。

图 3-11　CPU 网络单元参数设置界面

图 3-12 是模拟量输出单元 CJ1W-DA08C 参数设置界面，参数可分组或全部显示，其中 CIO Area 参数组在调试工作中较为常用，通过参数使能输出，并可以通过设定值调节输出大小。图中模拟量输出单元占用地址为 2000~2009，其中 2000 的位 0~7 决定对应通道输出是否使能，2001~2008 对应 8 个通道输出值，其他参数保留默认值即可。

图 3-12　模拟量输出单元 CJ1W-DA08C 参数设置界面

图 3-13 是模拟量输入单元 CJ1W-AD081-V1 参数设置界面，图中显示的是通道 1 的参数，第 1 个参数是通道使能，"Enable"表示使能，"Disable"表示禁止，第 2 个参数是信

图 3-13　模拟量输入单元 CJ1W-AD081-V1 参数设置界面

号类型选择，第 3 个参数是平均值缓冲区大小选择，最小为不使用平均值功能，最大可选 64 个缓冲区，数值越大采样值相对会稳定，但数据的实时性会稍差，默认值是 2，可根据实际情况修改。其他通道参数设置方法同通道 1，不使用的通道不需设定，通道使能后，如果信号类型为 4~20mA，则该通道会有断线检测功能，没有信号时单元的报警指示灯会亮。

图 3-14 是串行通信单元 CJ1W-SCU31-V1 参数设置界面，图中显示是端口 1 协议宏通信参数，第 1 个参数是端口参数设定选择，"User settings"表示手动设定，"Defaults"表示使用默认值，第 2 个参数是通信模式，"Protocol macro"表示是协议宏模式，第 3 个参数表示数据位数为 8 位，第 4 个参数表示停止位为 1 位，第 5 个参数表示无校验，第 6 个参数表示通信速率为 9600bps，其他参数为默认值。串口通信参数要根据通信对象的参数进行修改，当然也可以修改通信对象的串口参数，只有串行通信单元和通信对象的通信参数一致时，两者间才可以有效进行通信。

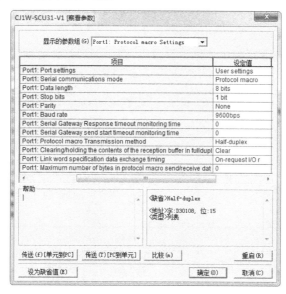

图 3-14　串行通信单元 CJ1W-SCU31-V1 参数设置界面

（5）PLC 设置

双击工程结构树状图中的"设置"进入图 3-15 所示 PLC 参数设置界面，多数参数使用默认值，当使用串行通信选件板时，需要对串口的模式和通信参数进行设置。

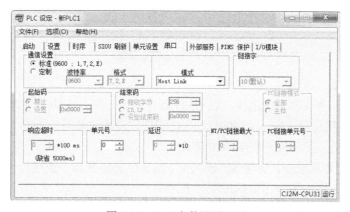

图 3-15　PLC 参数设置界面

（6）符号表

PLC 程序中用到的变量可以不建立符号表直接输入地址来使用，但最好还是建立符号表，建立符号表的优点如下。

- PLC 程序编译时会检查指令所要求的数据类型是否一致，不一致时会出现警告，提醒检查确认，防止程序运行中出错。对于符号表里没有的变量，程序默认其数据类型与指令所要求的数据类型一致，不会警告。
- 更改数据地址时，只需更改符号表，不用改程序。对于符号表里没有的变量，改变量地址需要检查和更改程序中所有用到该变量的地方。
- 梯形图程序中用到符号表中数据时显示名称和注释，增强了程序的可读性，有利于程序的调试和维护工作。

符号分全局符号和本地符号，全局符号表见图 3-16，表中已包含了系统辅助接点，CIO 区的变量建议放到全局符号表，程序中含有多个任务程序时，公共使用的变量要放到全局符号表，程序内部使用的变量放到本地符号表。

在符号表中单击右键菜单中"插入符号"，弹出新建符号界面见图 3-17，填写完成后单击"确定"，符号表中出现新建的符号，"高级设置"用于创建数组变量。

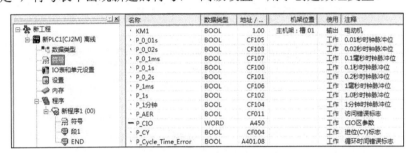

图 3-16　全局符号表

图 3-17　新建符号界面

（7）程序编辑

每个程序由一个或多个段组成，以 END 指令结束，图 3-5 中新程序默认有 2 个段，END 指令单独占用一段，段 1 用来编写 PLC 程序，段的名称可重命名，稍复杂的程序可按功能分成多个段，便于程序的编写和调试。

梯形图由左和右总线、连接线、输入位、输出位和特殊指令组成，一段程序由一个或多个程序条组成。梯形图程序编辑规则如下。

- 程序中的驱动流向是由左向右，驱动流向不会反向流动。

- 编程中对 I/O、工作位、计时器和其他可使用的输入位的使用次数是不受限制的。
- 梯级中对串联、串并联、并联支路中连接的输入位的个数不受限制。
- 两个以上输出位可并联连接。
- 输出位也可被用作编程输入位。

梯形图程序编辑限制如下。

- 梯形图必须封闭，这样信号（驱动流向）就可以从左母线流向右母线。
- 输出位、计时器、计数器和其他输出指令不允许与左母线直接连接，可插入一个 P_ON（常通标志）作为虚拟输入位。
- 输入位必须总是位于输出指令之前而不能插入到输出指令之后。
- 同一输出位不能在输出指令编程时重复使用，否则，重复输出出错提示会出现，且第一次编程使用的那条输出指令无效，而第二梯级处的输出结果有效。
- 输入位不能用于输出（OUT）指令。

梯形图编程时按逻辑顺序一条条编写，先选中梯形图工具栏中要使用的接点、线圈或指令按钮，然后拖到梯形图中要放置的位置单击左键，弹出编辑页面，编辑后确定，接点、线圈或指令之间用连线连接，完成一条程序的编写。

接点和线圈的编辑较简单，如果事先已建立完符号表，编辑时直接选取即可，如图 3-18 所示为线圈编辑界面，选取 KM1，或者直接输入 1.00，然后单击【确定】就完成了线圈的编辑。

(a) 选取符号   (b) 输入地址

图 3-18　线圈编辑界面

指令编辑界面见图 3-19，指令帮助界面见图 3-20，对指令较熟悉时，可以直接编辑，如果不熟悉指令，单击"详细资料"，分别编辑指令和操作数，其中指令的编辑可参考单击"指令帮助"或"查找指令"所弹出的界面，操作数可按提示直接填写或通过符号表选取。

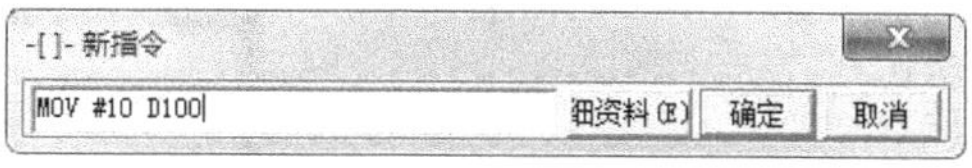

(a) 直接编辑

(b) 分别编辑

图 3-19　指令编辑界面

指令帮助界面中对指令的应用和示例说明得很详细，比官方的编程手册内容更具体，唯一的缺点是内容是英文的。

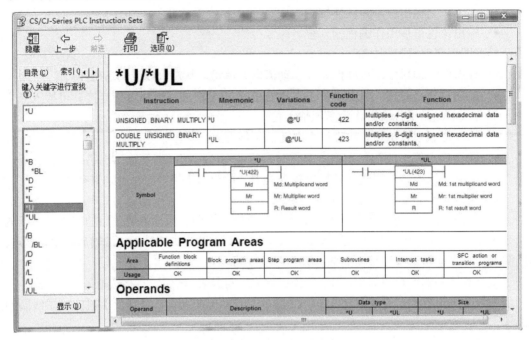

图 3-20　指令帮助界面

（8）程序编译与传送

程序在编写的过程中就自动检查程序是否符合编程规则，不符合时会以线条、字体变颜色的方式提醒。程序编写完成后单击程序工具条中的编译按钮，编译完成后会将编译结果显示到如图 3-21 所示的输出窗口，程序有错误时是无法传送到 PLC 执行的，必须改正，警告不影响程序的运行，但可能在程序运行中出现错误。

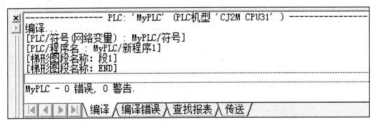

图 3-21　输出窗口

程序传送到 PLC 之前会自动编译，程序传送使用 PLC 工具条中的"下载"按钮，也可使用如图 3-22 所示程序传送操作菜单来完成，习惯上称"传送到 PLC"为"下载程序"或"写入程序"，称"从 PLC 传送"为"上传程序"或"读出程序"。程序传送时，要求 PLC 的连接状态为在线，如果 PLC 的操作模式为"运行"或"监视"，会提示 PLC 将转为编程模式，确认后开始传送程序，程序传送完毕后恢复原状态。

在 PLC 属性界面可设置程序保护密码，带密码的程序传送到 PLC 后，将无法直接读出，必须用密码才能读出程序。

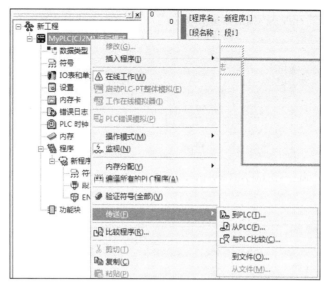

图 3-22　程序传送操作菜单

（9）程序模拟调试

程序调试有模拟调试和在线调试两种方式，模拟调试时不需连接 PLC，可以通过模拟调试工具条中的按钮开始调试，也可通过如图 3-23 所示模拟调试菜单进入调试状态，PLC程序单独调试时使用"在线模拟"，PLC 程序和触摸屏程序联调时使用"启动 PLC-PT 整体模拟"。模拟调试时使用查看工具条，打开查看窗口，编辑要查看的变量，可以设置其中变量的值，查看变量值的变化，看与自己预期的逻辑是否一致，如不一致可修改程序后继续调试。

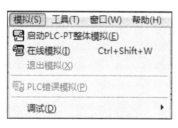

图 3-23　模拟调试菜单

以第 2 章比较指令应用示例说明模拟调试过程，模拟调试示意图见图 3-24，程序中储液罐液位值 FL 已转为百分值，要求 FL 大于 80 时启动排液泵 KM，FL 小于 30 停止排液泵 KM，打开查看窗口，双击查看窗口变量编辑区域，在弹出的"编辑对话框"中编辑要查看的变量，FL（D100）的初始值为 0，KM 为 OFF，双击 FL 的"值"位置，在弹出的"设置新值"对话框中写入新值 90，KM 变为 ON，接着将 FL 的值设为 50，KM 状态不变，再将 FL 的值设为 29 时，KM 变为 OFF。整个变化过程符合要求，说明程序正确，调试完成后退出模拟。

（10）程序在线调试

在线调试需要连接 PLC 并将程序传输到 PLC，同时将 PLC 的操作模式设为监视模式，通过程序界面和查看窗口进行调试，操作方法同模拟调试，查看窗口默认分 sheet1、sheet2、sheet3 共 3 页，需要查看的变量较多时可分别存放到不同的页，页不够用时可继续添加。

在线调试支持程序的在线编辑和在线修改功能,可在 PLC 不停止运行的情况下进行程序的修改。

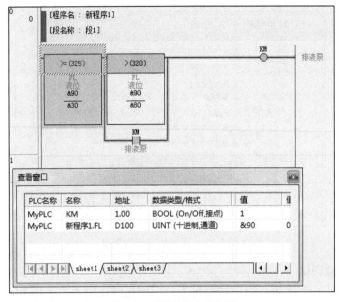

图 3-24　模拟调试示意图

3.1.3　多任务

通常情况下新建工程中的 PLC 默认有 1 个新程序,新程序可以添加,每个程序对应 1 个任务,在如图 3-25 所示的程序属性界面中设置任务类型,任务类型分循环任务和中断任务,其中循环任务最多 128 个,中断任务最多 256 个,那么 1 个 PLC 最多可插入 384 个新程序。

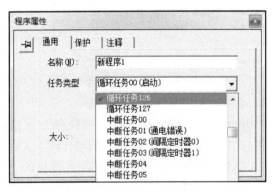

图 3-25　程序属性界面

循环任务 0 是默认的启动任务,其他循环任务默认是不启动的,可以通过任务指令"TKON N"启动,通过任务指令"TKOF N"停止,指令中"N"代表任务号。中断任务 0 中用来存放每个循环程序都可以调用的全局子程序,中断任务 1 是通电错误时执行的中断程序,中断任务 2 和 3 是定时中断程序,中断任务 100~131 是 I/O 中断。中断任务默认是不运行的,只有当使用中断指令允许某个中断任务执行,同时该中断任务具备中断条件时才会运行,并且只运行 1 个循环就返回到原循环程序中,当再次满足中断条件时再执行 1 次。

（1）任务切换示例

图 3-26 是任务切换示例程序，用 W1.00 切换新程序 2 的运行与停止。

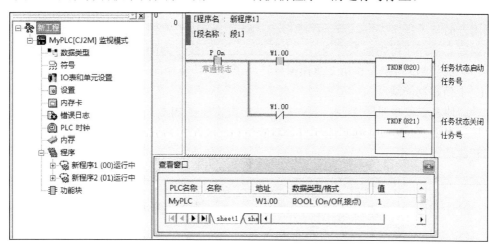

图 3-26　任务切换示例程序

（2）定时中断示例

图 3-27 是定时中断示例程序，新程序 1 中第一次循环时用中断屏蔽指令使能定时中断 0，设置了定时中断时间间隔，定时中断程序（新程序 2）中让 D100 递增，程序运行后可观察到 D100 的数值每秒增加 1。

中断屏蔽指令的中断标识符（中断源）为 4 时，使能定时中断 0，中断标识符（中断源）为 5 时，使能定时中断 1，中断屏蔽指令的中断数据用于设定定时间隔，PLC 默认中断时间单位为 10ms，定时间隔=中断数据×10ms，当中断数据为 100 时定时间隔为 1s。中断时间单位在"PLC 设定"→"时序"→"中断设置"→"定时中断间隔"中可改为 1ms 或 0.1ms。

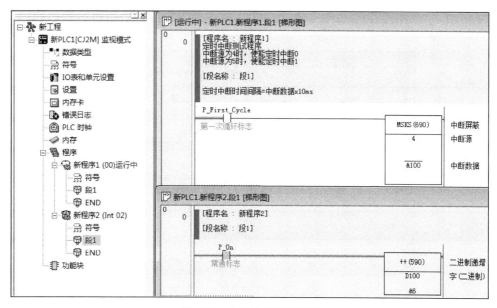

图 3-27　定时中断示例程序

3.1.4 功能块

功能块的作用相当于函数，在 PLC 程序中可调用功能块实现某种功能。功能块在能重复调用方面与子程序类似，与子程序相比，功能块使用更方便，编写好的功能块能单独保存，编写其他程序可先插入后调用。下面以"AD 转换"为例说明功能块的创建和调用过程，功能块"AD 转换"和第 2 章模拟量转换子程序功能相同。

（1）新建功能块

功能块右键菜单见图 3-28，要先插入功能块才能在 PLC 程序中调用，选择"从文件"表示插入已有的功能块，包括系统自带功能块和已编写好并保存的功能块，选择"梯形图"表示新建功能块。

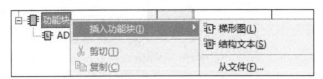

图 3-28　功能块右键菜单

（2）功能块符号表

功能块符号表分内部、输入、输出、输入输出和外部，"AD 转换"功能块符号表见图 3-29，只用到了内部、输入和输出符号表，内部符号用于计算过程临时保存中间值使用，调用功能块时看不到内部符号，输入符号默认有个使能端 EN，其他输入符号在调用功能块时要赋值，功能块的执行结果输出到输出符号。

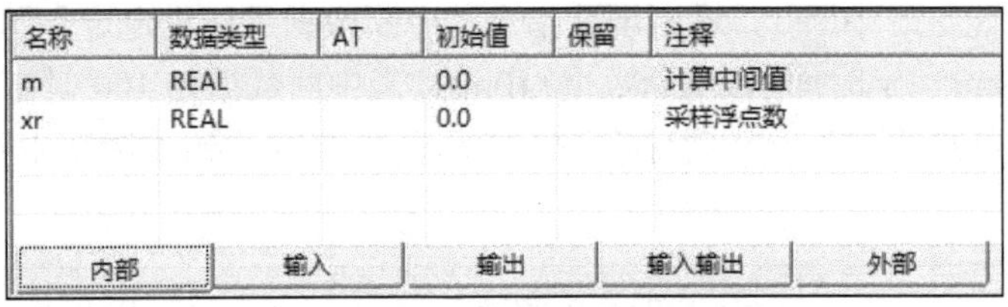

名称	数据类型	AT	初始值	保留	注释
m	REAL		0.0		计算中间值
xr	REAL		0.0		采样浮点数

| 内部 | 输入 | 输出 | 输入输出 | 外部 |

(a) 内部符号

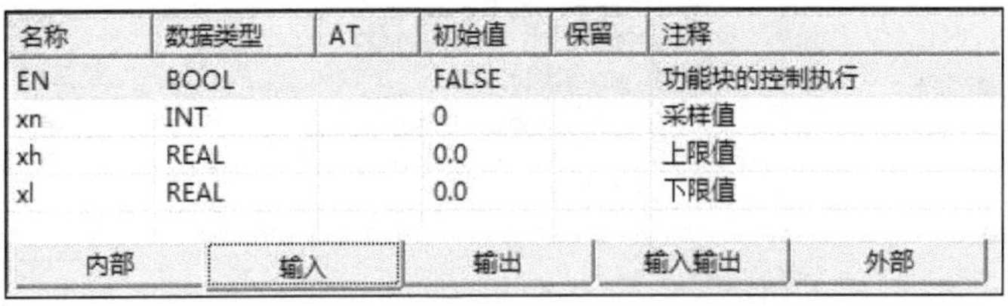

名称	数据类型	AT	初始值	保留	注释
EN	BOOL		FALSE		功能块的控制执行
xn	INT		0		采样值
xh	REAL		0.0		上限值
xl	REAL		0.0		下限值

| 内部 | 输入 | 输出 | 输入输出 | 外部 |

(b) 输入符号

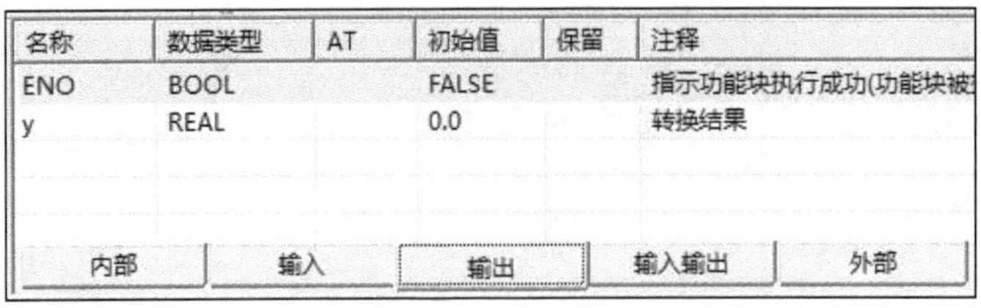

名称	数据类型	AT	初始值	保留	注释
ENO	BOOL		FALSE		指示功能块执行成功(功能块被
y	REAL		0.0		转换结果

| 内部 | 输入 | 输出 | 输入输出 | 外部 |

(c) 输出符号

图 3-29　"AD 转换"功能块符号表

（3）功能块编程

"AD 转换"功能块程序见图 3-30，和普通的 PLC 程序编写过程相同，不同之处是指令中不能使用存储器地址，只能使用符号，符号的存储器地址在功能块调用时自动分配。

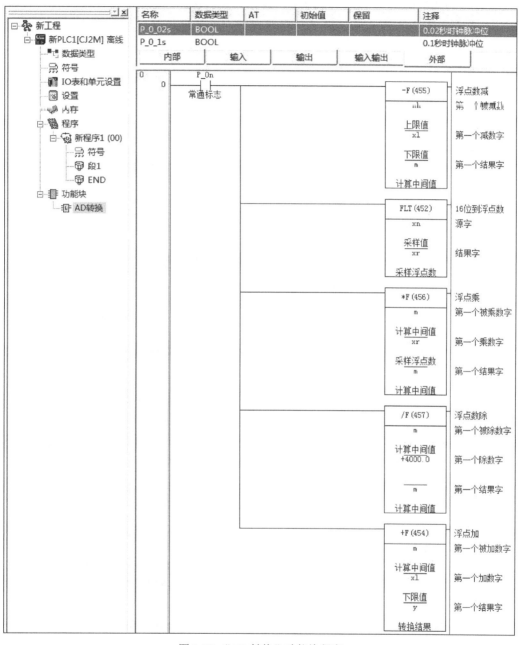

图 3-30 "AD 转换"功能块程序

（4）功能块调用

"AD 转换"功能块调用见图 3-31，在编程区使用梯形图工具条中的"新功能块"按钮加入"AD 转换"功能块，定义功能块实例名称为"AD1"，然后使用"功能块参数"按钮加入输入、输出参数，运行程序后测试功能块功能正常。

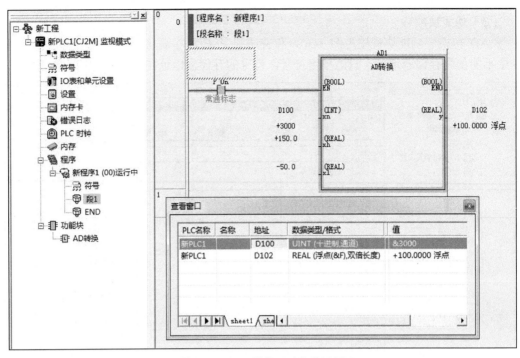

图 3-31 "AD 转换"功能块调用

3.2 欧姆龙触摸屏编程软件 CX-Designer

触摸屏又称为可编程终端(Programmable Terminal, PT),欧姆龙 NS 系列触摸屏使用 CX-Designer 软件编辑屏幕显示的图形和数据等信息。触摸屏编程主要步骤如下。

- 新建项目,选择所使用触屏的型号,确定后自动新建 0 号屏幕,根据项目需要添加其他屏幕。
- 通信设置,选择触摸屏和 PLC 的通信方式,设置对应的通信参数,和多个 PLC 连接时分别进行设置。
- 变量、报警量编辑,对触摸屏上需要显示的变量和报警量进行编辑,如变量属于哪个 PLC,变量的地址和数据类型等参数都要和 PLC 的符号表对应。
- 屏幕界面编辑,将所需功能对象或图形放到屏幕编辑区进行编辑,设置好关联的变量。
- 程序传输,将编好的程序传输到触摸屏,进行后期的程序测试、修改和完善工作。

3.2.1 新建项目

运行 CX-Designer 软件,单击工具栏中"新建项目"按钮,在弹出的新建项目界面中选择触摸屏型号和系统版本,单击"确定"按钮完成新建项目。新建项目界面见图 3-32,界面分 6 个区域,分别是菜单栏、工具栏、项目工作区、屏幕编辑区、功能对象列表和功能对象属性列表。

项目工作区又分屏幕/背景页、通用设置和系统 3 部分。屏幕/背景页用于编辑背景页和新建屏幕,对于稍复杂的 PLC 控制系统会新建多个(最多 32 个)屏幕,分别显示运行、参数设置、报警和趋势等画面。通用设置界面用于警报/事件设置、数据日志设置、折线图组设置、数据块设置、字符串表设置和变量表编辑等操作。系统界面分项目属性、系统设置和通信设置,前两项一般不需修改,采用系统默认值,通信设置最为关键,需要按和 PLC 连接方式进行设置。

菜单栏和工具栏用于完成编程过程中的各种操作。屏幕编辑区、功能对象列表和功能对象属性列表用于完成屏幕界面的编辑工作。

项目工作区 功能对象属性 功能对象列表 菜单栏 工具栏   屏幕编辑区

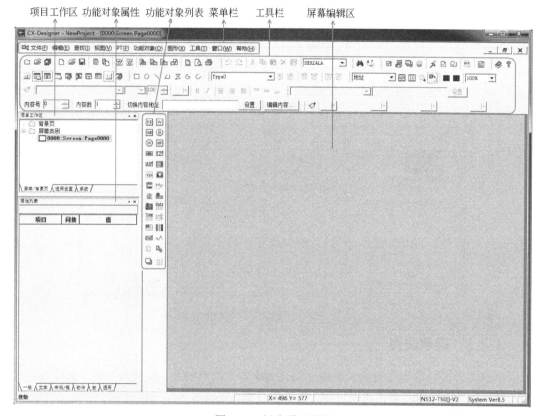

图 3-32　新建项目界面

3.2.2　通信设置

触摸屏的通信方式有串口、Ethernet 和 Controller Link 通信,其中 Ethernet 通信(以太网通信)最为常用。以太网通信方式下触摸屏可以连接多台主机(最多 98 个 PLC),触摸屏以太网参数设置界面见图 3-33,选择使用以太网,然后设置本机 IP 地址,网络地址和节点地址设置与 IP 末位地址一致,UDP 端口号默认 9600 不变,LAN 速度选择"10/100 BASE-T 自动切换"。

添加主机后编辑主机信息,主机参数设置界面见图 3-34,其中主机号由软件自动生成,串口 A 和串口 B 即使不用也占用主机号 1 和 2,主机名称可保留默认值,主机类型按 PLC 型号选择,协议选择 Ethernet/IP,IP 地址按主机 PLC 的 IP 地址填写。

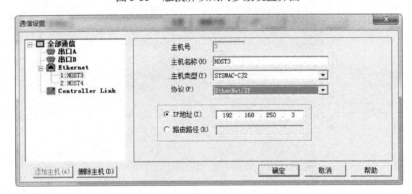

图 3-33　触摸屏以太网参数设置界面

图 3-34　主机参数设置界面

3.2.3　通用设置

项目工作区的通用设置界面见图 3-35，其中较为常用的是"变量表"和"警报/事件设置"，"单位/刻度"和"字符串表设置"先不用设置，在屏幕界面编辑过程中用到了再设置，这些设置都是为了屏幕界面编辑做准备。

图 3-35　通用设置界面

欧姆龙 PLC 编程及应用实例

（1）变量表

变量表界面见图 3-36，变量添加的最简单方式是从 PLC 程序的符号表中选中符号拖到变量表中，也可以用变量表中"添加"按钮打开如图 3-37 所示的变量地址设置界面，输入变量所属主机、变量名称、数据类型、存储区域、存储地址和注释，单击"确定"完成变量添加。

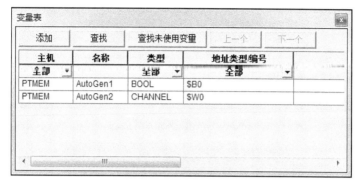

图 3-36　变量表界面

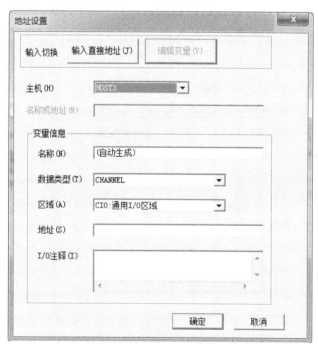

图 3-37　变量地址设置界面

（2）警报/事件设置

警报/事件设置界面见图 3-38，单击"添加"按钮，弹出如图 3-39 所示的警报/事件项目设置界面，填写报警信息、地址等参数，单击"确定"按钮完成项目添加，添加完的项目可删除或重新编辑。报警信息可直接填写或是从已编辑好的字符串表中选取，地址是对应 PLC 报警信息的位地址，直接编辑后会自动进入变量表，如果已经在变量表中则可直接选取。

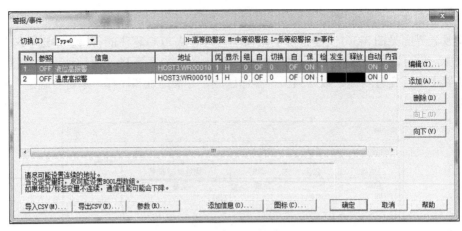

图 3-38　警报/事件设置界面

图 3-39　警报/事件项目设置界面

3.2.4　屏幕界面编辑

屏幕界面编辑的元素是功能对象和图形。在功能对象列表中选取按钮、指示灯或数字显示等功能对象，放置到屏幕编辑区，功能对象的位置和大小可以用鼠标直接调节，其他参数通过功能对象属性来设置，功能对象说明见表3-1。在图形工具栏中选取直线、圆形或矩形等图形，放置到屏幕编辑区，对其颜色、宽度和闪烁的控制方式等属性进行编辑。通过功能对象以及图形的组合，编辑出预期的屏幕界面。

表 3-1　功能对象说明

图标	名称	功能
PB	ON/OFF 按钮	控制指定写地址的 ON/OFF 按钮。可以从暂时、交替、设置或复位中选择动作类型
W	字按钮	在指定地址处设置数字数据。可以增加或减少内容
CMD	命令按钮	执行特殊处理，如切换屏幕、控制弹出屏幕和视频显示等
B	位灯	根据指定地址的 ON/OFF 状态、接通和断开
W	字灯	根据指定地址的内容分 10 步点亮（0~9）
Label DISP.	文本	显示已注册的字符串
123	数字显示与输入	数字显示来自指定地址的字数据和来自 10 键键盘的输入数据
ABC	字符串显示与输入	显示来自指定地址字数据中的字符串和来自键盘的输入数据
LIST	选择列表	显示列表中用于选择的已注册字符串
123	指轮开关	数字显示来自指定地址的字数据和按下增量/减量按钮时，增大或减少数据
模拟表	模拟表	以三种颜色，以圆、半圆或四分之一圆显示指定地址处的字数据图形
棒状图	棒状图	以三种颜色显示指定地址处字数据等级
折线图	折线图	显示指定地址处字数据的折线图
位图	位图	显示屏幕数据。可以显示 BMP 和 JPEG 格式的图像数据
视频显示	视频显示	显示从视频设备，如视频摄像机或视觉传感器导入的图片
警报/事件显示	警报/事件显示	以优先级次序显示发生的警报或事件
警报/事件概要和历史	警报/事件概要和历史	显示警报/事件列表和历史
Date 88/88	日期	显示并设置日期
Time 88:88	时间	显示并设置时间

图标	名称	功能
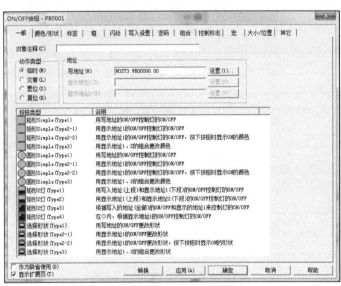 Temp.	临时输入	提供输入值与字符串的临时显示
	数据日志图	显示指定地址处字数据的趋势图
DB	数据块表	将预设的配方数据写入到 PLC 或从 PLC 中读出，如制造工艺说明
	绘制连续线形	显示可随通信地址内容变更的折线形
	框	切换指定的矩形区域（框）
	表格	以表格形式显示功能对象

（1）ON/OFF 按钮

ON/OFF 按钮属性界面见图 3-40，分"一般""颜色/形状"和"标签"等多个属性页，"一般"属性页中要设置动作类型、写地址和按钮类型，动作类型中"临时"表示该按钮按下时写地址变为 ON，松开后会变为 OFF，"交替"表示按一次变为 ON，再按一次变为 OFF，交替变化，"复位"表示按下后写地址变为 OFF，"置位"表示按下后写地址变为 ON。

图 3-40　ON/OFF 按钮属性界面

ON/OFF 按钮图形选择界面见图 3-41，分别选择 ON 时和 OFF 时的按钮形状，不选择时使用默认图形。"标签"属性页用来设置按钮表面显示的字符串，ON 状态和 OFF 状态显示内容可分别编辑，字符串字体和大小也可编辑。"框"属性页用于调节按钮形状的外形效果。"闪动"属性页用于设置闪动类型和闪动条件。"写入设置"属性页默认不显示对话框，对于重要操作可设置显示对话框，当操作按钮时不会直接动作，而是先弹出提示对话框，确认后再执行，能有效防止误碰按钮造成误操作。"密码"属性页默认不设置密码，设置后操作按钮需输入密码才能执行。"组合"属性页可将多个按钮设为同一组别,当按钮设为单选按钮时有用。"控制标志"属性页可设置按钮受某位地址控制在激活和禁止状态间切换。"宏"属性页一般不用设置,可以编写宏指令实现按钮的其他作用。"大小/位置"属性页用于调节按钮的大小和位置,用鼠标调节时是粗略调节,用属性值调节更准确,尤其是使用多个按钮时,调节对齐、间距更准确。"其它"属性页用于设定按钮操作时是否发按键声音。

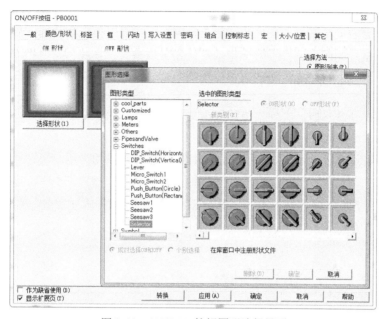

图 3-41　ON/OFF 按钮图形选择界面

（2）字按钮

字按钮属性界面见图 3-42,字按钮的操作对象是字地址,操作时改变字地址变量的值,其余属性和 ON/OFF 按钮类似,多了上限值/下限值设定,当改变的值超出限定范围时无效。

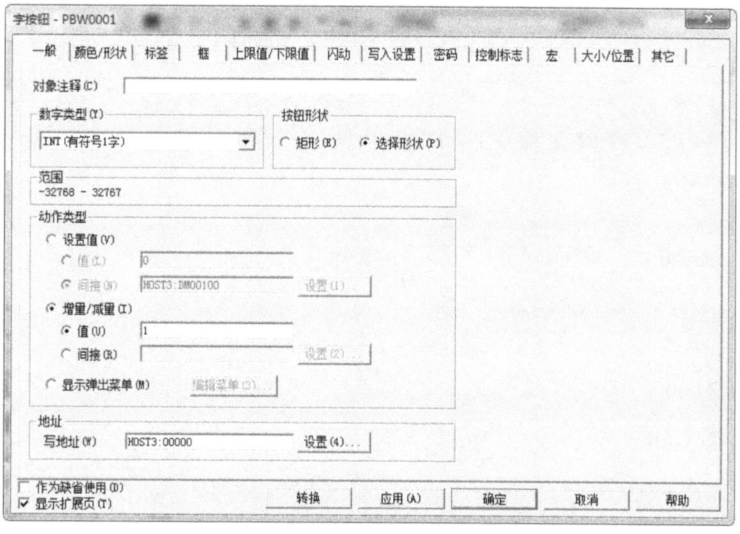

图 3-42　字按钮属性界面

（3）命令按钮

命令按钮属性界面见图 3-43，命令按钮的默认功能是切换屏幕，通过功能选择还能实现其他功能。当项目中有多个屏幕时，每个屏幕都需设置切换屏幕按钮，常规的设置是主屏幕设置多个命令按钮，可分别进入其余屏幕，其余屏幕设置返回按钮，只能返回到主界面，通过主界面再进入其他屏幕，根据需要也可以在其余屏幕多设置命令按钮，实现其余屏幕间的直接切换。命令按钮其余属性和 ON/OFF 按钮类似。

（4）位灯

位灯属性界面见图 3-44，位灯的功能是用图形指示显示地址的状态，位灯图形选择界面见图 3-45，位灯的图形选择不限于指示灯，还可以是泵、管线、阀门和罐等工业设备图形，比如选择同样形状的泵，OFF 时用绿色的泵代表停止，ON 时用红色的泵代表运行。

（5）字灯

字灯和位灯功能类似，区别是位灯能指示 2 种状态，字灯可指示 10 种状态。

（6）文本

文本用于在屏幕上显示固定字符串，如标题、功能对象的说明。

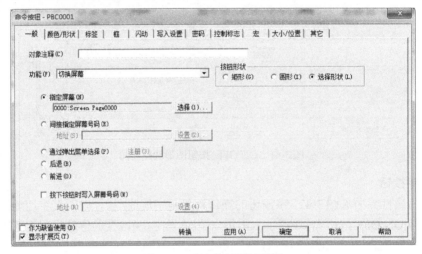

图 3-43　命令按钮属性界面

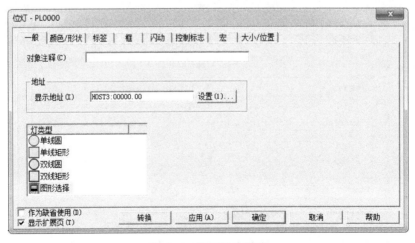

图 3-44　位灯属性界面

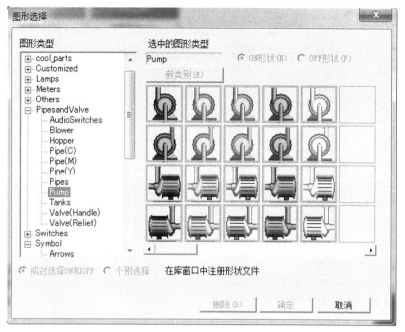

图 3-45　位灯图形选择界面

（7）数字显示与输入

数字显示与输入属性界面见图 3-46，在"一般"属性页中设置变量地址、数字显示类型和显示格式，"文本"属性页用于设置显示数字的字体、大小和颜色等参数，"控制标志"属性页用于设置输入是激活还是禁止状态，单纯显示功能时要禁止输入，参数设置功能时激活输入，即可以通过触摸屏改变 PLC 内部存储器的值。

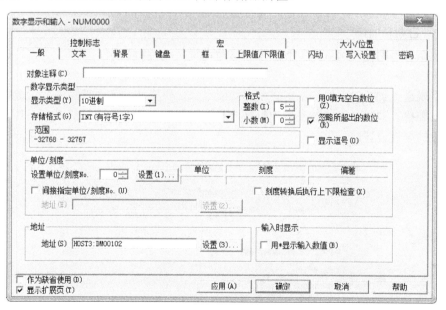

图 3-46　数字显示与输入属性界面

单位/刻度设置界面见图 3-47，默认是"没有设置"，设置后显示的数字后面会加上单位名称，同时对显示值进行转换，转换公式：显示值=存储值×倍率+偏差。

第 3 章　欧姆龙 CX-One 软件包

069

图 3-47　单位/刻度设置界面

（8）字符串显示与输入

字符串显示与输入用于在屏幕上显示字符串变量，能动态显示字符串。

（9）棒状图

棒状图以模拟条的形式显示当前数据占满量程的百分比，棒状图可按数值设定分三个区段并以不同颜色表示，例如用棒状图作为储液罐，0～80 区域显示蓝色，表示正常液位，80～90 区域显示黄色，表示报警液位，>90 区域显示红色，表示危险液位，需要采取停机等措施。

（10）警报/事件显示

当警报/事件设置中的报警发生时，显示对应报警信息，只能显示最近的一条。

（11）警报/事件概要和历史

按时间顺序显示所有报警信息，含报警启动时间和复归时间。

（12）日期和时间

显示系统日期和时间，并可对其进行重新设置。

（13）表格

表格属于一种容器，按表格形式放置功能对象，表格属性界面见图 3-48，选择数字显示和输入表格类型时，生成的表格中每格含有 1 个数字显示和输入功能对象，其属性再按功能对象的属性设置。

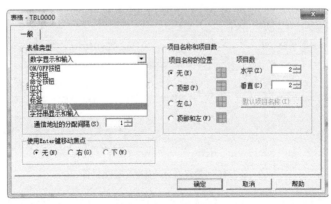

图 3-48　表格属性界面

（14）数据日志图

数据日志图属性界面见图 3-49，用于显示指定地址处字数据的趋势图。

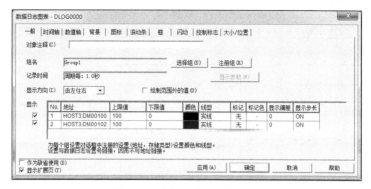

图 3-49　数据日志图属性界面

3.2.5　程序传输

屏幕界面编辑完成后就可以传输到触摸屏了，程序传输的通信方法有 USB 和 Ethernet 两种方式，Ethernet 通信方式设置界面见图 3-50，设置触摸屏的 IP 地址和端口号即可，端口号默认 9600。

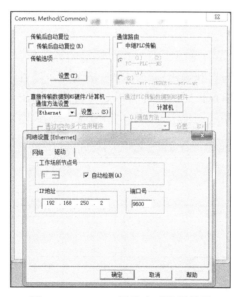

图 3-50　Ethernet 通信方式设置界面

3.3　欧姆龙串口通信协议宏软件 CX-Protocol

3.3.1　协议宏概念

CX-Protocol 软件用于创建与通过 RS-232C 或 RS-422A/485 连接至协议宏支持单元（PMSU）的通用外部设备之间进行数据发送或接

收的程序。协议宏原理示意图见图 3-51，CX-Protocol 将协议传送至 PMSU，通过 CPU 单元上的 PMCR 指令来指定协议的序列号并执行通信序列。通信序列由若干步组成，每步向通用外部设备发送一帧数据，并接收返回数据帧，每帧数据按外部设备的通信协议组成，包含数据和校验，其中数据和 CPU 单元内部存储器地址对应，校验选择对应的算法。

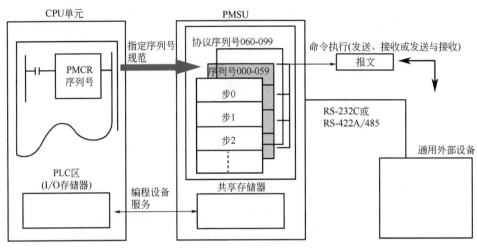

图 3-51　协议宏原理示意图

3.3.2　软件界面

CX-Protocol 软件初始界面见图 3-52，具有标准的标题栏、菜单栏、工具栏和状态栏，画面由项目工作区、项目窗口和输出窗口三个窗格组成，项目结构在项目工作区中以树状格式显示，项目工作区中指定数据的内容将以表格格式显示在右侧项目窗口。CX-Protocol 启动后，项目工作区显示系统选项卡，新建协议宏要切换到项目选项卡。

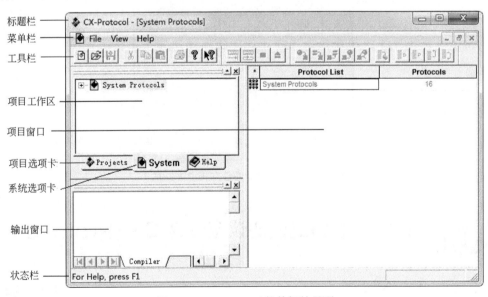

图 3-52　CX-Protocol 软件初始界面

工具栏分标准工具栏、跟踪工具栏和协议工具栏，工具栏中各按钮功能说明见图 3-53。

标准工具栏中按钮可实现常规操作，跟踪工具栏中按钮用于通信调试时查看通信数据帧，协议工具栏中按钮用于协议的传输、删除和顺序调整。

（a）标准工具栏

（b）跟踪工具栏

（c）协议工具栏

图 3-53　工具栏中各按钮功能说明

3.3.3　协议宏应用

（1）新建项目

单击"新建"按钮，弹出如图 3-54 所示 PLC 设置界面，设备类型选择 CPU 类别，对应的"设定"按钮选择 CPU 型号，网络类型选择以太网或 USB，选择以太网时用"设定"按钮弹出的界面设定 CPU 的 IP 地址。选择完成后单击"确定"按钮完成新建项目，新建项目软件界面见图 3-55。

图 3-54　PLC 设置界面

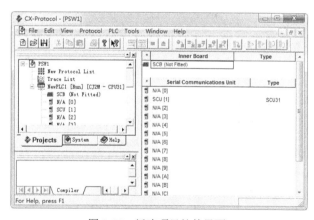

图 3-55　新建项目软件界面

（2）连接 PLC

新建项目后软件的菜单栏也发生了变化，多了与项目有关的菜单，其中"PLC"操作菜单见图 3-56，单击"Edit PC-PLC Comms Settings..."会弹出图 3-56 所示界面，用于编辑 PLC 的通信方式，"Connect to PLC"用于和 PLC 建立或断开连接，连接后用"Operating Mode"可以改变 PLC 的运行模式，Program（编程）、Monitor（监视）或 Run（运行）。下载协议时需要将 PLC 切换到编程模式，跟踪调试时需要将 PLC 切换到监视模式。

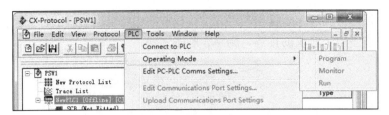

图 3-56 "PLC"操作菜单

（3）串口通信参数设定

串口通信参数在编程软件 CX-Programmer 的单元参数设置中设定，也可在协议宏软件 CX-Protocol 中通信端口中设定，串口通信参数设定示意图见图 3-57，在项目工作区选中 "SCU[1]"，然后在项目窗口选择通信端口，单击右键弹出右键菜单，选择 "Edit Communication Port Settings..."，弹出参数编辑界面，编辑完成后单击 "OK"，再进入右键菜单，选择 "Download Communication Port Settings"，下载参数设置。

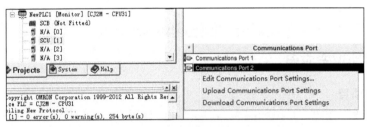

（a）串口通信参数操作右键菜单

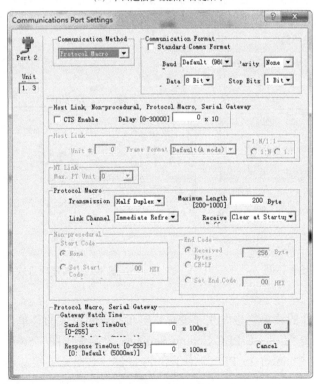

（b）串口通信参数编辑

图 3-57 串口通信参数设定示意图

（4）新建协议

新建协议操作示意图见图 3-58，分 3 个步骤：

- 在新协议列表处右键菜单选 "Create" → "Protocol..."，新建协议；
- 在弹出的界面选择 "CS/CJ"；
- 在新协议右键菜单选 "Create" → "Sequence..."，新建序列。

新协议列表、新协议和新序列的名称可根据需要进行修改，新协议列表内可新建多个新协议，每个协议由发送报文、接收报文和新序列组成，而新序列是用发送报文和接收报文组合而成。

（a）右键菜单生成协议

（b）选择 CS/CJ

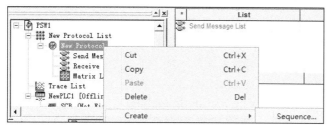

（c）右键菜单生成序列

（d）新协议组成

图 3-58　新建协议操作示意图

（5）报文编写

仍以读取温湿度传感器的温湿度数据为例，编写 MODBUS 协议格式的发送报文和接收报文。发送报文编写示意图见图 3-59，首先新建发送报文，然后在生成的报文 Data 区域单击后面的回车按钮，弹出报文编写界面，报文前 6 字节是常量，用 "报文字节" 编辑字节常量数据，报文后两位是 CRC 校验码，可以直接计算出来接着用 "报文字节" 编辑，也可以插入校验 "<c>"，按 CRC 校验方式自动生成校验码。MODBUS 协议不需要 "报头" "终止符" 和 "长度" 编辑，写命令的发送报文会用到 "变量地址" 编辑，读取数据则不用。

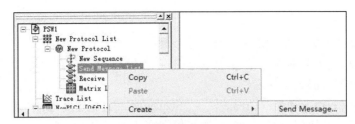

（a）新建发送报文

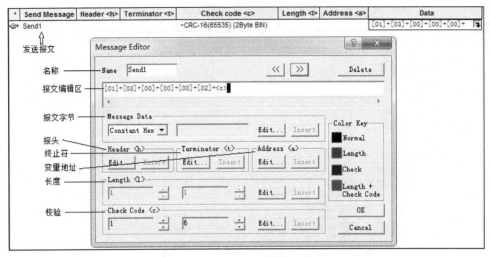

（b）报文编写界面

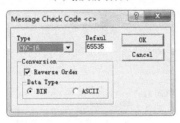

（c）CRC 校验

图 3-59　发送报文编写示意图

接收报文编写示意图见图 3-60，首先新建接收报文，然后在生成的报文 Data 区域单击后面的回车按钮，弹出报文编写界面，报文前 3 字节是常量，用"报文字节"编辑字节常量数据，接着是 4 字节返回数据，保存到变量地址"<a>"所定义的 D102 开始的 2 个字（4字节），报文后两位是 CRC 校验码，插入校验"<c>"自动生成校验码。

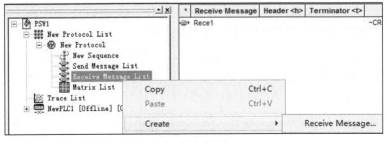

（a）新建接收报文

*	Receive Message	Header <h>	Terminator <t>	Check code <c>	Length <l>	Address <a>	Data
	Rece1			~CRC-16(65535) (2Byte BIN)		&(R(DM 00102),4)	[01]+[03]+[04]+<a>+

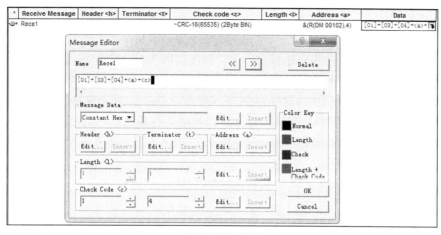

（b）报文编写界面

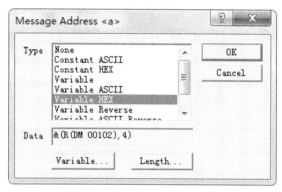

（c）变量地址类型选择

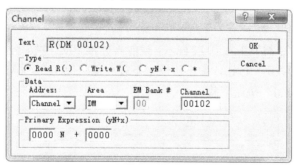

（d）变量起始地址

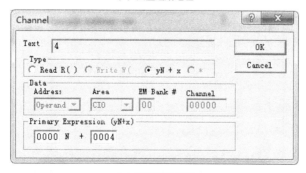

（e）变量字节长度

图 3-60　接收报文编写示意图

（6）序列编辑

序列由多个步组成，每个步都编辑完就完成了序列编辑，步编辑示意图见图 3-61，首先新建步，然后在新生成的步中选择发送报文和接收报文，设定命令、发送等待时间、有/无响应写入、下一个过程和出错过程的参数或选项。示例中命令设为"Send & Receive"，表示步包含了发送和接收报文，有/无响应写入选择"YES"，表示将接收数据存储到 PLC 存储器中，下一个过程前面的步选择"Next"，表示还有其他步，最后的步选择"End"，表示本序列结束，出错过程前面的步选择"Next"，表示出错后进行下一步，最后的步选择"Abort"，表示将终止步并终止序列。

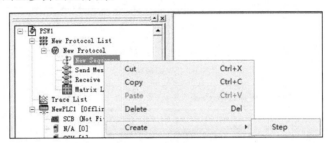

（a）新建步

（b）步编辑

图 3-61　步编辑示意图

（7）下载协议

协议宏编辑完成后需要下载到 PLC，下载前需连接 PLC 并将 PLC 置于编程模式，单击协议工具栏"下载协议"按钮，弹出协议宏下载界面见图3-62，单击"Compile"按钮编译，再单击"Download"按钮下载。

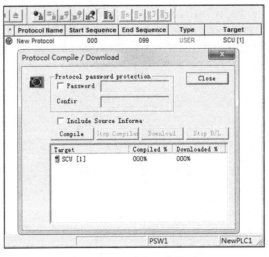

图 3-62　协议宏下载界面

（8）数据跟踪

数据跟踪示意图见图 3-63，在 PLC 程序中调用协议宏并将 PLC 置于监视模式，在项目工作区选中"SCU[1]"，然后在项目窗口选择"Trace2"，单击跟踪工具栏的"一次跟踪"按钮，等几秒后单击"停止跟踪"按钮，再单击"上传跟踪"按钮，项目窗口显示数据跟踪查看界面，检查通信数据是否正确。

数据跟踪是协议宏软件 CX-Protocol 自带的功能，用串口调试软件配合 USB 转 RS-485 装置监听串行通信单元的通信数据，也能实现数据跟踪调试功能。

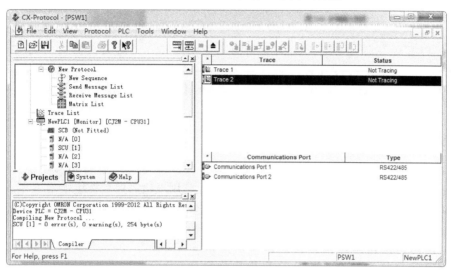

（a）数据跟踪操作界面

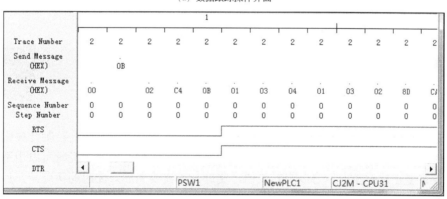

（b）数据跟踪查看界面

图 3-63　数据跟踪示意图

欧姆龙 PLC 基本 I/O 单元应用

基本 I/O 指开关量（亦称为数字量或布尔量）输入与输出，基本 I/O 单元包括输入单元、输出单元和 I/O（输入/输出）单元。输入单元常用于检测控制按钮/控制开关、限位开关、物位开关和各种检测开关等的状态，检测其他设备输出的报警接点，输出单元常用来直接或间接驱动声光指示、电磁阀、电动阀和电动机等设备，执行某种功能操作。

4.1 输入单元及其常用外围元器件

4.1.1 控制按钮与控制开关

控制按钮与控制开关都属于主令电器，从电气原理图上区分时，操作后自动复归原位的是控制按钮，操作后锁定在当前位置的是控制开关。常见控制按钮与控制开关见图 4-1，习惯上控制按钮多采取按动操作，控制开关则会采取旋转操作，急停按钮为了方便操作，采用较大面积的按钮帽，紧急停机时可以用手直接拍下，需要恢复正常时按指示方向旋转按钮，钥匙开关需要先插入配对的钥匙，然后旋转钥匙完成操作。

(a) 控制按钮　　(b) 控制开关　　(c) 急停按钮　　(d) 钥匙开关

图 4-1　常见控制按钮与控制开关

控制按钮和控制开关电气符号示意图见图 4-2。控制按钮触点分常开触点和常闭触点，电气设备上常开触点标记为 NO（Normal Open），表示在未操作状态（复位状态）下触点是打开的，常闭触点标记为 NC（Normal Close），表示在未操作状态（复位状态）下触点是闭合的。控制开关的触点是在某个位置时接通的，复杂的控制开关可以有多组触点、多个位置，需要查看开关通断表确定在某个位置都有哪些触点接通。

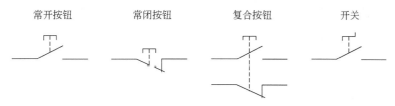

常开按钮　　　　　常闭按钮　　　　　复合按钮　　　　　开关

图 4-2　控制按钮和控制开关电气符号示意图

控制按钮和控制开关在常规的电气控制回路应用较多，在 PLC 控制系统应用较少，主要是多数控制回路都实现了自动控制，同时触摸屏也提供了虚拟的控制按钮和控制开关。PLC 控制系统典型的人机界面是触摸屏+报警指示+急停按钮，急停按钮一般串接在控制电源中，能切断控制电源直接停机，当系统需要按顺序进行紧急停机操作时，急停按钮可接入 PLC 输入端，在 PLC 控制下紧急停机。

4.1.2　限位开关与接近开关

限位开关也称行程开关或位置开关，用来限制机械运动的位置或行程，使运动机械按一定位置或行程自动停止、反向运动、变速运动或自动往返运动等。常见限位开关见图 4-3，限位开关形式多种多样，图中只列了常见的几种，其中第 1 种是微动开关，用于配合凸轮变成旋转角度的限位开关，后 3 种是用于直线行程的限位开关。

图 4-3　常见限位开关

接近开关是一种电子式限位开关，采用电感式、电容式、霍尔式或光电式感应原理工作，当检测体接近开关的感应区域开关就能动作，无需与运动部件直接接触，其操作频率、使用寿命等参数大大优于机械式限位开关。接近开关接线示意图见图 4-4，分两线型、三线 NPN 型和三线 PNP 型。

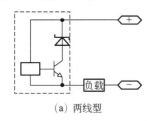

（a）两线型

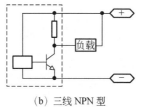

（b）三线 NPN 型

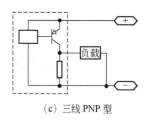

（c）三线 PNP 型

图 4-4　接近开关接线示意图

两线型接近开关必须串接负载接入电源，并且负载电流要在开关允许电流范围内，两线型接近开关导通后内部会有 2～3V 压降，该压降提供了内部电路的工作电压。NPN 型接近开关输出的高电平由内部上拉电阻提供，不具备带载能力，只有输出低电平时才能驱动负载，和欧姆龙 PLC 输入单元配合使用时，输入单元的公共端应接正电源。PNP 型接近开关输出的高电平由内部 PNP 型三极管提供，可以直接带负载，和欧姆龙 PLC 输入单元配合使用时，输入单元的公共端应接负电源。

4.1.3　物位开关

　　物位开关用于容器中物料（液位或粉位）的高度检测，当物位达到设定高度时输出报警或控制信号。常用物位开关见图4-5，浮球开关用于液位检测，阻旋式料位计用于粉位检测，音叉料位计即可用于液位检测，也可用于粉位检测。

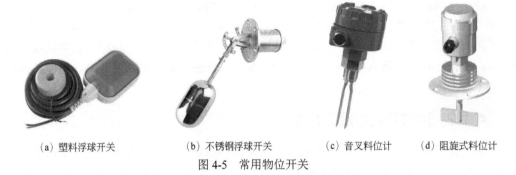

(a) 塑料浮球开关　　　　(b) 不锈钢浮球开关　　　(c) 音叉料位计　　　(d) 阻旋式料位计

图 4-5　常用物位开关

　　塑料浮球开关的浮头内部有滚珠和微动开关，液位变化引起浮头朝上或朝下时，滚珠会离开或压住微动开关，引起微动开关接点动作。不锈钢浮球开关的浮球连杆末端安装有磁铁，当浮球随液位变化到某一位置时，接线盒内干簧管会因磁铁接近使得接点动作。需要注意的是钕铁硼磁铁的耐温大概在 200℃左右，超过了会出现退磁现象，如果不锈钢浮球开关使用了钕铁硼磁铁，用于介质温度过高的场合时会因磁铁退磁出现干簧管无法动作的情况。

　　音叉料位计的工作原理是通过安装在音叉基座上的一对压电晶体使音叉在一定共振频率下振动，当音叉与被测物料接触时，音叉的频率和振幅将改变，这些变化由电路来进行检测和处理，用晶体管输出开关信号，检测灵敏度通过调节电路板上的可调电阻来调节。音叉料位计不建议用于物料黏度大和工作场合振动大的情况，这些会使得音叉料位计误动作。

　　阻旋式控制器采用电动机经减速后带动监测叶片慢速旋转，当物料阻挡叶片时，检测机构便围绕主轴产生旋转位移，首先使有料信号微动开关动作，随后控制电源的微动开关动作，切断电动机的电源使其停止转动。当检测叶片不受阻挡时，检测机构便依靠弹簧拉力恢复原态，首先控制电源的微动开关复位，接通电机电源使其旋转，随后有料信号微动开关复位。

4.1.4　其他检测开关

　　常用检测开关见图 4-6，有电接点温度计、压力开关和流量开关。电接点温度计除了能显示温度，还能通过表盘上的旋钮设定温度限制值，当温度指针和限位指针接触时，报警接点接通。压力开关通过因压力产生的机械形变带动栏杆弹簧等机械结构，压力达到设定值时启动微动开关输出信号。流量开关安装到管线上，根据管线直径选择合适大小的挡片，管线内介质流动时推动挡片，触发开关内微动开关动作。以上检测开关都是机械式的，现在的控制系统用得不多，一般都是用模拟量单元采集温度、压力和流量等仪表输出的 4～20mA 信号，在 PLC 内部程序实现越限检测。

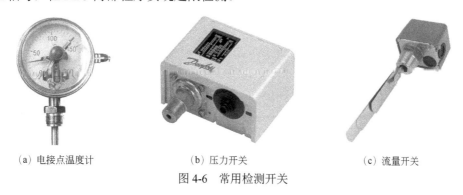

（a）电接点温度计　　　　　　（b）压力开关　　　　　　（c）流量开关

图 4-6　常用检测开关

4.1.5　输入单元接线方式

输入单元的输入端内部光耦为双向光耦，接线不限制电源极性。输入单元 CJ1W-ID201 接线方式示意图见图 4-7，CJ1W-ID201 的 8 路输入是独立的，每路输入电源极性随意，接近开关可以 NPN 型和 PNP 型混用。

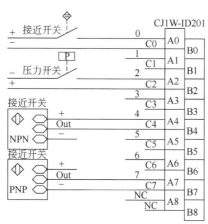

图 4-7　输入单元 CJ1W-ID201 接线方式示意图

输入单元中除了 CJ1W-ID201，其他输入单元的输入都不是独立的，而是有公共端。输入单元 CJ1W-ID211 接线方式示意图见图 4-8，公共端接电源负的接线方式称为共阴极接线方式，公共端接电源正的接线方式称为共阳极接线方式，当外部接点来自不同的 24V 电源时，电源的公共端必须接在一起。对于晶体管输出类型的电子开关，PNP 型开关只能用于共阴极接线方式，NPN 型开关只能用于共阳极接线方式，同一输入单元中型 PNP 和 NPN 型开关无法混用。对于两线制的电子开关，可用于两种接线方式，注意实际接线的极性即可，有的两线制电子开关内部有整流桥保证内部电路电源极性始终正确，外部接线极性就不用考虑了。

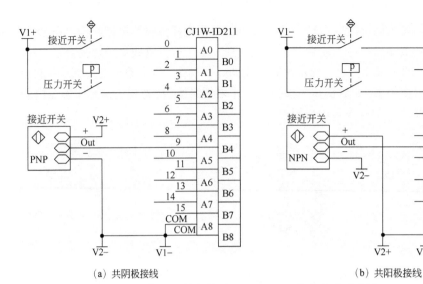

（a）共阴极接线　　　　　　　　　　　　（b）共阳极接线

图 4-8　输入单元 CJ1W-ID211 接线方式示意图

4.2 输出单元及其常用外围元器件

4.2.1　继电器和接触器

　　常规的继电器和接触器基本工作原理一样，都是利用线圈通电产生的磁力吸引衔铁带动触点来工作的，继电器主要用于控制回路和小功率的主回路，接触器有触点灭弧装置，用于大功率主回路。固态继电器的基本工作原理是用过零触发光耦驱动双向晶闸管，固态接触器的基本工作原理是用光耦或脉冲变压器驱动大功率双向晶闸管，实现电路的通断。

　　常用欧姆龙继电器见图 4-9，MY2 系列有 2 组接点，接点额定电流 5A，MY4 系列有 4 组接点，接点额定电流 3A，G3NB 固态继电器额定电流 5～90A 可选，需要安装到散热器上。

　　接触器供远距离接通或分断电路、频繁启动和控制交流电动机用，小功率接触器可以用 PLC 继电器输出单元直接控制，大功率接触器需要外接继电器控制。常用接触器见图 4-10，普通交流接触器有 3 相主触点接电动机主回路，若干可扩展的辅助接点用于控制回路，实现联锁和点亮指示灯等功能，欧姆龙 G3J 固态接触器有软启动功能，控制电路电源为 24V，PLC 输出单元可直接控制固态继电器的启动和停止。

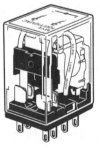　　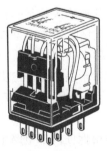　　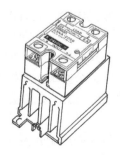
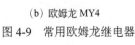

（a）欧姆龙 MY2　　　　　　（b）欧姆龙 MY4　　　　（c）欧姆龙 G3NB 固态继电器

图 4-9　常用欧姆龙继电器

（a）正泰 CJX2 接触器   （b）欧姆龙 G3J 固态接触器

图 4-10　常用接触器

4.2.2　电磁阀和电动阀

阀门是用来控制管线内的介质（液体、气体、粉末）流动或停止并能控制其流量的装置，而电磁阀和电动阀的都是用电驱动的阀门，不同之处在于电磁阀的工作原理是用电磁线圈的吸力来工作，用于管线管径较小的情况，电动阀的工作原理是用电动机带动减速机构来工作，用于管线管径较大的情况。

常用电磁阀见图 4-11，电磁阀按在工艺管线中的作用可分为普通电磁阀和控制电磁阀。普通电磁阀起到电动控制阀门的作用，控制管线内液体或气体的流动。控制电磁阀用于液压或气动控制，间接控制大的阀门或执行机构。电磁阀线圈电压一般选 DC24V 或 AC220V，可以用 PLC 继电器输出单元直接控制。

（a）普通电磁阀   （b）控制电磁阀

图 4-11　常用电磁阀

常用电动阀见图 4-12，电动阀都会配有手动操作机构，用于电气故障时手动操作和调试限位时的配合操作。较小的电动阀一般选用单相电动机，单相电动机电动阀典型接线图见图 4-13，主回路中串入了开、关限位和本体过热保护接点。较大的电动阀一般选用三相电动机，三相电动机电动阀典型接线图见图 4-14，控制回路中除了开关限位还有过力矩保护接点，过热保护由电气主回路的热元件实现，两个接触器控制回路用常闭接点互锁，防止同时动作造成电源短路。

图 4-12　常用电动阀

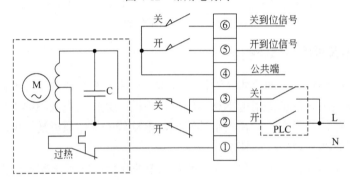

图 4-13　单相电动机电动阀典型接线图

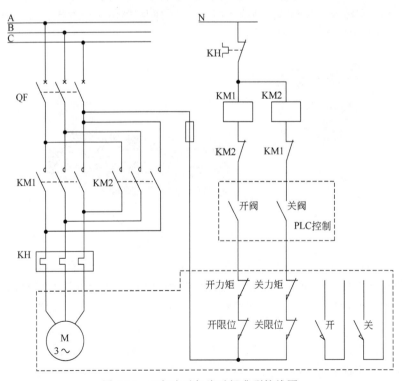

图 4-14　三相电动机电动阀典型接线图

4.2.3 输出单元接线方式

欧姆龙 PLC 输出单元有继电器型和晶体管型，其中晶体管型只能直接驱动 DC24V 供电的指示灯、报警器或电磁阀等设备，继电器型除了能驱动 DC24V 设备还能驱动 AC220V 的小功率设备。欧姆龙 PLC 输出单元都采用公共端的输出方式，输出单元接线方式示意图见图 4-15，用输出单元直接驱动 DC24V 供电的小功率设备，对于 DC24V 大功率设备或 AC220V 设备，用继电器间接驱动。

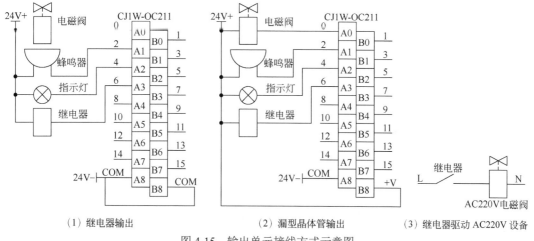

(1) 继电器输出　　　　　　　(2) 漏型晶体管输出　　　(3) 继电器驱动 AC220V 设备

图 4-15　输出单元接线方式示意图

4.3 欧姆龙 PLC 基本 I/O 单元应用示例

4.3.1 控制要求

工艺流程示意图见图 4-16，正常运行时两个入口阀门手动打开，要求其中一台泵运行后，自动打开对应出口电动阀，当运行泵因故障停止后，自动关闭对应出口电动阀，同时启动另一台泵，并打开另一台泵的出口电动阀。

控制系统不设触摸屏，泵的启停由按钮控制，用切换开关控制 1#泵或 2#泵运行，用指示灯指示泵的运行状态。

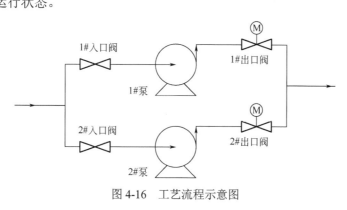

图 4-16　工艺流程示意图

第 4 章　欧姆龙 PLC 基本 I/O 单元应用

4.3.2 电路设计

参考控制要求，估算输入输出点数，选择合适的 PLC 及输入、输出单元，示例中这种情况选择小型 PLC 就能实现所要求功能，本书中统一以欧姆龙中型 PLC（CJ2M 系列）为例进行示例程序设计。

选定 PLC 及输入、输出单元后进行电路设计，电气主回路原理图见图 4-17，主回路设总电源开关，配出 2 路三相电源分别带 1#、2#泵电动机，配出 2 路单相电源，1 路给 PLC 和 24V 电源供电，另 1 路给控制电源供电。

输入单元控制原理图见图 4-18，输入单元采用共阴极接线方式，公共端接 DC24V 电源负（24V-），所有输入接点都一端接 DC24V 电源正（24V+），另一端接 PLC 输入单元输入端。热继电器的常开接点用于检测泵过载跳闸，发出报警信息，同时自动切换到备用泵运行。电动阀开、关到位接点用于电动阀开、关到位后断开电动阀电源。运行切换开关用于切换两台泵的运行方式，接点闭合时 1#泵运行 2#泵备用，接点断开时 2#泵运行 1#泵备用。启动、停止按钮用于系统启动和停止，系统启动时按运行切换开关选择运行泵，系统运行期间如果运行切换开关状态变化或运行泵过载跳闸，则自动切换到备用泵运行。

输出单元控制原理图见图 4-19，图中接触器线圈功率参数为：吸合容量 200V·A、保持容量 20V·A，电动阀电动机功率 140W，开关时间 32s。输出单元类型为继电器输出，公共端接控制电源，用输出接点控制泵的启停和出口阀的开关，泵的运行指示由接触器辅助触点带指示灯来指示，当电动机回路热继电器动作或电动阀没在预计时间内开、关到位时故障指示灯亮。

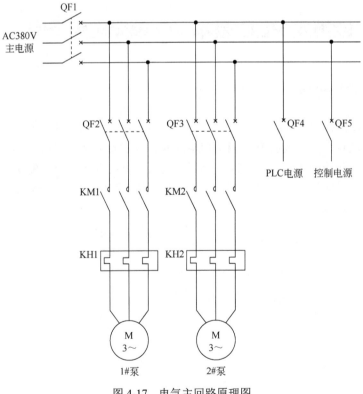

图 4-17　电气主回路原理图

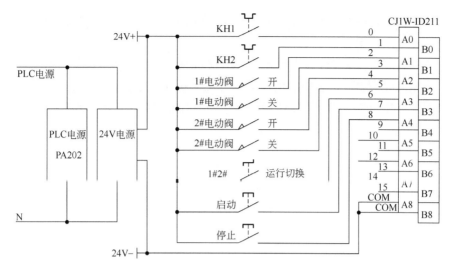

图 4-18　输入单元控制原理图

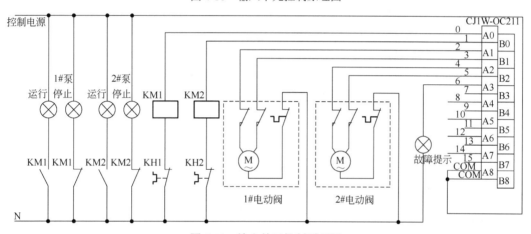

图 4-19　输出单元控制原理图

　　根据电路原理图进行 PLC 的硬件组态。新建项目，PLC 选择 CJ2M-CPU31，进入 IO 表进行硬件组态，添加输入输出单元界面见图 4-20，DC 输入单元 CJ1W-ID211 占用地址 0，继电器输出单元 CJ1W-OC211 占用地址 1。CPU 机架电源单元选择 CJ1W-PA202，校验电源单元能够满足 CPU 及输入输出单元的功耗。

图 4-20　添加输入输出单元界面

4.3.3　逻辑分析

PLC 从外部硬件上看就是数字量或模拟量的输入和输出，由内部软件实现输入到输出的逻辑运算，编写程序前要建立项目的 I/O 表，理清输入条件和输出驱动对象，逐个分析输出驱动对象的动作逻辑。

两台泵一运一备控制 I/O 表见表 4-1，表中除了输入、输出接点列表，还加入了系统状态标志位和定时器列表，复杂些的项目还会加入使用的变量列表。输入单元使用了 9 个接点，输出单元使用了 7 个接点。主要控制对象为两台泵的运行，电动阀随泵的启停自动打开或关闭，当任意热继电器动作时报警指示灯亮。

（1）系统控制

将所有控制对象看作是一个系统，这个系统有 3 种状态：停止、运行和切换，上电初始状态为停止状态，按启动按钮后系统进入运行状态，运行状态下热继电器动作或泵切换控制开关变位时触发切换，按下停止按钮或两个热继电器都动作时系统停止。

（2）泵控制

泵切换控制的状态决定了按下启动按钮时启动哪个泵，运行期间改变泵切换控制状态，先启动备用泵，进入并列运行状态，延时等备用泵启动正常后，停原运行泵，实现泵的切换，运行泵故障自动切换到备用泵。

（3）电动阀控制

泵运行接点闭合时自动打开电动阀，断开时自动关闭电动阀，电动阀开、关到位自动停止，电动阀开、关到位信号用于断开电动阀电源。为防止阀门开、关到位信号故障造成电动阀始终带电，加入了开关阀超时自动断电功能。

（4）报警

任意热继电器动作后报警。

表 4-1　两台泵一运一备控制 I/O 表

输入单元 CJ1W-ID211				输出单元 CJ1W-OC211			
序号	地址	符号	说明	序号	地址	符号	说明
1	0.00	ID00	1#泵热继电器动作	1	1.00	OC00	1#泵运行
2	0.01	ID01	2#泵热继电器动作	2	1.01	OC01	2#泵运行
3	0.02	ID02	1#电动阀开到位	3	1.02	OC02	1#电动阀开
4	0.03	ID03	1#电动阀关到位	4	1.03	OC03	1#电动阀关
5	0.04	ID04	2#电动阀开到位	5	1.04	OC04	2#电动阀开
6	0.05	ID05	2#电动阀关到位	6	1.05	OC05	2#电动阀关
7	0.06	ID06	泵切换控制	7	1.06	OC06	报警指示
8	0.07	ID07	启动控制				
9	0.08	ID08	停止控制				
标志位				定时器			
序号	地址	符号	说明	序号	地址	符号	说明
1	W0.00	RUN	0—停止/1—运行	1	T0000	TH0	并列运行时间 50s
2	W0.01	SW	0—2#运行/1—1#运行	2	T0001	TH1	1#电动阀开阀超时 40s
3	W0.02	DRUN	1—并列运行	3	T0002	TH2	1#电动阀关阀超时 40s
				4	T0003	TH3	2#电动阀开阀超时 40s
				5	T0004	TH4	2#电动阀关阀超时 40s

根据 I/O 表建立项目全局符号见图 4-21，输入单元和输出单元的接点都放在全局符号中，程序本地符号见图 4-22，标志位和定时器放在了本地符号中。

名称	数据类型	地址 / 值	网络变量	机架位置	使用	注释
ID00	BOOL	0.00		主机架：槽 00	输入	1#泵热继电器动作
ID01	BOOL	0.01		主机架：槽 00	输入	2#泵热继电器动作
ID02	BOOL	0.02		主机架：槽 00	输入	1#电动阀开到位
ID03	BOOL	0.03		主机架：槽 00	输入	1#电动阀关到位
ID04	BOOL	0.04		主机架：槽 00	输入	2#电动阀开到位
ID05	BOOL	0.05		主机架：槽 00	输入	2#电动阀关到位
ID06	BOOL	0.06		主机架：槽 00	输入	泵切换控制
ID07	BOOL	0.07		主机架：槽 00	输入	启动控制
ID08	BOOL	0.08		主机架：槽 00	输入	停止控制
OC00	BOOL	1.00		主机架：槽 01	输出	1#泵运行
OC01	BOOL	1.01		主机架：槽 01	输出	2#泵运行
OC02	BOOL	1.02		主机架：槽 01	输出	1#电动阀开
OC03	BOOL	1.03		主机架：槽 01	输出	1#电动阀关
OC04	BOOL	1.04		主机架：槽 01	输出	2#电动阀开
OC05	BOOL	1.05		主机架：槽 01	输出	2#电动阀关
OC06	BOOL	1.06		主机架：槽 01	输出	报警指示

图 4-21　项目全局符号

名称	数据类型	地址 / 值	机架位置	使用	注释
DRUN	BOOL	W0.02		工作	并列运行
RUN	BOOL	W0.00		工作	运行/停止
SW	BOOL	W0.01		工作	1#/2#运行切换
TH0	BOOL	T0000		工作	手动切换并列运行时间
TH1	BOOL	T0001		工作	1#电动阀开阀超时
TH2	BOOL	T0002		工作	1#电动阀关阀超时
TH3	BOOL	T0003		工作	2#电动阀开阀超时
TH4	BOOL	T0004		工作	2#电动阀关阀超时

图 4-22　程序本地符号

4.3.4　程序设计

两台泵一运一备控制示例程序见图 4-23，程序分系统控制、泵控制、电动阀控制和报警共 4 部分，程序说明见程序条内注释。

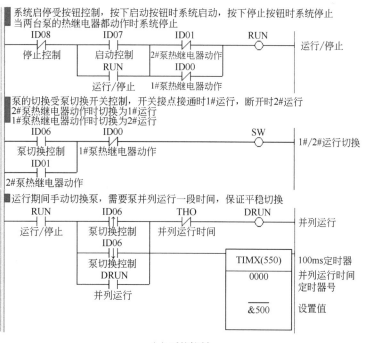

（a）系统控制

图 4-23

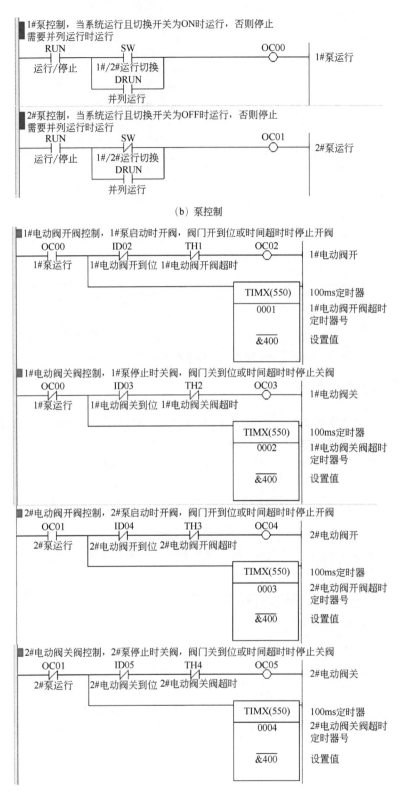

（b）泵控制

（c）电动阀控制

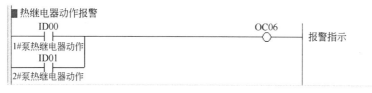

（d）报警

图 4-23　两台泵一运一备控制示例程序

4.3.5　程序调试

（1）模拟调试

进入在线模拟，打开查看窗口，模拟调试界面见图 4-24，在查看窗口编辑输入接点，通过改变输入接点的值模拟接点变化，然后在程序界面观察输出变化，逐步验证所有逻辑与预期一致。

PLC名称	名称	地址	数据类型/格式	值	注释
新PLC1	ID00	0.00	BOOL (On/Off,接点)	0	1#泵热继电器动作
新PLC1	ID01	0.01	BOOL (On/Off,接点)	0	2#泵热继电器动作
新PLC1	ID02	0.02	BOOL (On/Off,接点)	0	1#电动阀开到位
新PLC1	ID03	0.03	BOOL (On/Off,接点)	0	1#电动阀关到位
新PLC1	ID04	0.04	BOOL (On/Off,接点)	0	2#电动阀开到位
新PLC1	ID05	0.05	BOOL (On/Off,接点)	0	2#电动阀关到位
新PLC1	ID06	0.06	BOOL (On/Off,接点)	1	泵切换控制
新PLC1	ID07	0.07	BOOL (On/Off,接点)	1	启动控制
新PLC1	ID08	0.08	BOOL (On/Off,接点)	0	停止控制
新PLC1		0.09	BOOL (On/Off,接点)	0	

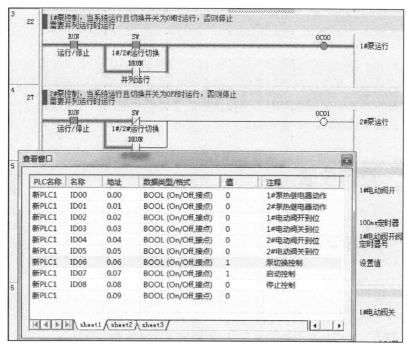

图 4-24　模拟调试界面

（2）现场调试

控制系统接线完毕后先给 PLC 电源送电，控制电源暂不送电，用笔记本电脑连接 PLC 并将程序传输到 PLC，将 PLC 的操作模式设为监视模式，然后进行实际操作，通过监视模式程序界面和输入、输出单元的指示灯检查控制接线的正确性以及程序逻辑的正确性，最后给控制电源送电，进行实际测试。

第 5 章

欧姆龙 PLC 模拟量单元应用

高功能单元中模拟量单元最为常用，在 PLC 控制系统中，工业生产过程中的温度、压力、液位和流量等信号会接入模拟量输入单元，模拟量输出单元则用来控制调节阀或执行器的开度以及变频器的输出频率等。模拟量按信号类型分电压信号和电流信号两种，电流信号因抗干扰能力较电压信号强，应用范围更广些。

5.1 常用仪表

5.1.1 温度变送器

PLC 都有专用的测温单元，直接接入 Pt100 电阻或热电偶就能实现测温功能，但是有的控制系统可能只有 1 个或 2 个测温点，恰好模拟量输入单元又有未使用的点，这时多数会选用温度变送器。常见温度变送器见图 5-1，前两种没有就地显示，最后一种为防爆型封装。温度变送器接线示意图见图 5-2，电流输出采用两线制，变送器 V+接电源正，变送器 V-输入到采集设备的正输入，负输入接电源负，电压输出采用三线制，变送器 V+、V-分别接电源正、电源负，变送器输出 OUT 接采集设备的正输入，负输入接电源负。

图 5-1　常见温度变送器

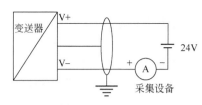 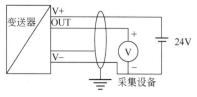

（a）两线制电流输出　　　　　　　（b）三线制电压输出

图 5-2　温度变送器接线示意图

温度变送器使用时插入容器或管线的温度测量套管内，套管内加入导热介质可提高温度变化的响应速度。为了减少测量误差，套管要保证一定的插入深度，与介质充分接触，对于较小管径的工艺管线，套管可逆流倾斜安装或安装到弯头处。

5.1.2　压力变送器

常见压力变送器见图5-3，压力变送器外形和温度变送器外形差不多，压力传感器是在单晶硅片上扩散一个惠斯通电桥，被测介质施压使桥臂电阻值发生变化，产生的差动电压信号经放大器放大再转为标准的模拟信号输出。压力变送器和温度变送器接线方式相同，常用的是两线制电流输出。

图 5-3　常见压力变送器

压力变送器经截止阀安装到引压管上，工作时打开截止阀。测量压力小于 0.03MPa 时要垂直安装，否则影响测量精度。采用扩散硅充油芯体的传感器严禁测量氧气，使用不当有爆炸危险。测量气体介质压力时，变送器安装位置宜高于取压点，测量液体或蒸汽压力时，变送器安装位置宜低于取压点，目的在于减少排气、排液附加设施。

5.1.3　液位计

常见的液位计见图5-4，有磁翻板液位计、单法兰液位计、投入式液位计和雷达液位计，一般都采用两线制电流输出的接线方式。

  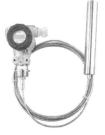 

（a）磁翻板液位计　　　（b）单法兰液位计　　　（c）投入式液位计　　　（d）雷达液位计

图 5-4　常见液位计

磁翻板液位计又称磁浮子液位计，由连通器、主导管、磁性浮子、现场指示牌和捆绑式液位变送器组成，当主导管内磁性浮子随液位升、降时，通过磁耦合驱动指示器内磁翻柱翻转实现就地观测，驱动捆绑式液位变送器内干簧管实现信号远传。

单法兰液位计和投入式液位计的工作原理与压力变送器相同，利用液位产生的压力折算为液位，为此不能用于密闭带压力容器内液位的测量，液体上侧的气体压力会使得液位值变得虚高，这种情况可使用双法兰液位计。

雷达液位计测量原理是时域反射原理，发出的高频微波遇到被测介质会有一部分能量被反射回来，发射脉冲与反射脉冲的时间间隔与被测介质的距离成正比，从而计算出探测组件顶部被测介质表面的距离，再根据容器总高度计算出物位高度。

5.1.4 流量计

常见的流量计见图5-5，有电磁流量计、超声波流量计、涡街流量计和差压式流量计等，工作原理不同，适用于不同介质、不同环境和不同的精度要求，其对外接线方式基本相同，电源一般可选 AC220V 或 DC24V 供电，输出 DC4～20mA 电流信号代表瞬时流量，累计流量在显示屏底部观察或通过通信接口读取，RS-485 通信接口是独立的，HART 通信是利用 DC4～20mA 信号线传输的。

（a）电磁流量计　　　（b）超声波流量计　　　（c）涡街流量计　　　（d）差压式流量计

图 5-5　常见流量计

电磁流量计电路结构示意图见图5-6，励磁电路驱动线圈建立磁场，导电流体流动时感生出电动势，通过流量计内电极输入到前置放大器，对放大后的信号进行 A/D 转换和计算测得流体速度，再根据管径计算出体积流量。流量计耗电相对较大，无法采用两线制电流输出，必须独立供电。流量计通过键盘可修改流量单位、流量量程、累积量单位、通信地址和通信波特率等参数，流量量程根据工艺参数设定，一般按最大流量的 1.5～2 倍计算并取整设定量程。使用电磁流量计要注意的是要求介质具有一定导电性，前后直管段的长度要满足一定要求，不能安装在介质向下流动的管段，介质不满管影响测量准确性。

超声流量计和电磁流量计一样，也是通过测量流体速度再根据管径计算出流量的，只是测量流体速度采用的是超声波技术，不再要求介质是否导电。超声波流量计有管段式和外夹式，管段式的超声波探头已安装到流量计的管段上，外夹式的超声波探头是分体的，直接安装到管线上，在管线的两侧布置一对超声波发射和接收探头，探头采用非对称方式布置，发射探头布置在上游侧，接收探头布置在下游侧，安装时注意先打磨安装处的管线并涂抹耦合剂，然后再固定。

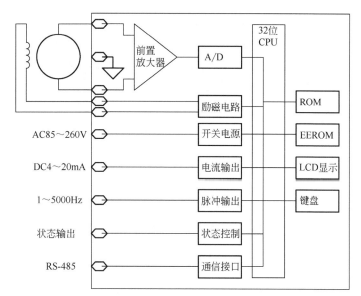

图 5-6   电磁流量计电路结构示意图

涡街流量计是根据卡门涡街原理测量气体、蒸汽或液体的体积流量。涡街流量计在流体中设置三角柱型旋涡发生体，则从旋涡发生体两侧交替地产生有规则的旋涡，这种旋涡称为卡门旋涡，通过压电应力式传感器，测量旋涡频率就可以计算出流过旋涡发生体的流体平均速度，进而计算出流量。

差压式流量计是利用流体流经节流装置时所产生的压力差与流量之间存在一定关系的原理，通过测量压力差来实现流量测定。节流装置是在管道中安装的一个局部收缩元件，最常用的有孔板、喷嘴和文丘里管。

5.1.5　电子秤

工业生产过程中粉料的配比、粉料的定量包装会用到电子秤，电子秤结构示意图见图 5-7，通常由 4 个称重传感器支撑或吊挂称重用容器，称重传感器的接线汇总到称重变送器，输出的 DC4～20mA 信号代表毛重，是容器和物料的总重量。

称重传感器多采用电阻应变原理，弹性体在外力作用下产生弹性变形，使粘贴在它表面的电阻应变片也随之产生变形，电阻应变片变形后，它的阻值将发生变化，再经相应的测量电路把这一电阻变化转换为电信号，从而完成了将外力变换为电信号的过程。

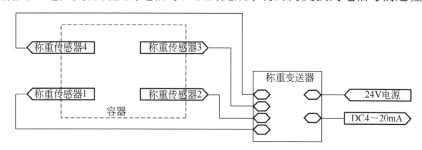

图 5-7   电子秤结构示意图

称重传感器接线方式有四线制和六线制两种，优先选用六线制的，六线制称重传感器接线方式见图5-8，电源线EXC给电阻桥电路提供工作电压，用反馈线SEN测出电阻桥电路两端实际电压，称重传感器受力后输出电压信号SIG，这种接线方式可避免电源线内阻对测量结果的影响。当接成四线制时，电源线与反馈线短接，仅限于传感器与称重变送器距离较近，电压损耗非常小的场合，否则测量存在误差。

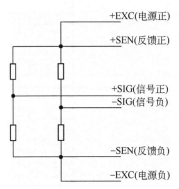

图5-8　六线制称重传感器接线方式

5.2 常用调节设备

5.2.1 调节阀

调节阀又名控制阀，在工业自动化过程控制系统中通过模拟量输出单元输出的DC4~20mA信号，借助动力操作去改变介质流量、压力、温度、液位等工艺参数，同时将当前位置以DC4~20mA信号返回给模拟量输入单元。新型调节阀内含伺服功能，接受与工艺参数对应的DC4~20mA信号，自动地控制调节阀开度，使工艺参数稳定在设定值。调节阀由执行机构和阀门组成，按其所配执行机构使用的动力，可以分为电动调节阀、气动调节阀和液动调节阀，常用的电动调节阀和气动调节阀见图5-9。

（a）电动调节阀　　　　　　（b）气动调节阀

图5-9　常用的电动调节阀和气动调节阀

电动调节阀相当于在电动阀上增加了阀门位置反馈装置和阀门定位控制电路，使用FC11C 型阀门定位器的电动调节阀接线图见图 5-10，电动调节阀对外接线比较简单，提供电源，给定开度信号，返回位置信号。阀门定位器通过内部的双向晶闸管自动调节电动机正、反转，使阀门位置信号等于给定开度信号。

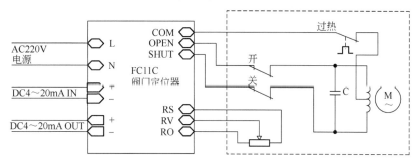

图 5-10　使用 FC11C 型阀门定位器的电动调节阀接线图

气动调节阀以气源为动力，以气缸为执行器，受 DC4～20mA 信号控制电磁阀，间接控制气源驱动阀门，调节管线内介质的流量和压力等工艺参数。气动调节阀具有控制简单、反应快速和本质安全等优点，在有气源且防爆要求较高的工厂中应用范围较广。气动调节阀的气动执行机构分单作用式和双作用式，单作用执行器内部有弹簧，在失去气源或控制信号时受弹簧作用保持在全开或全关的初始状态，通过电磁阀控制气源压力抵消弹簧的作用力来控制阀门开度。

某型号气动调节阀定位器原理图见图 5-11，和控制器的接口只有 DC4～20mA 控制信号，从控制信号取电供内部电路工作，同时在控制信号叠加了 HART 通信功能。控制信号和位置反馈信号经 A/D 转换传给微处理器，计算后输出驱动信号经电/气转换变为气压信号，控制气动放大器驱动执行机构，改变阀门开度到设定位置。

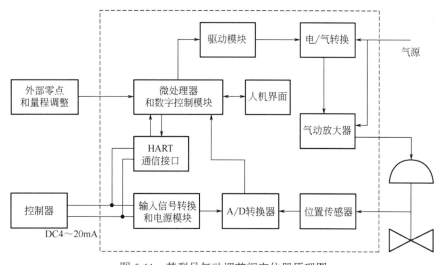

图 5-11　某型号气动调节阀定位器原理图

5.2.2　变频器调速

变频器的控制分启停控制和频率控制两部分，每种控制都可以通过参数设定为键盘、端子或通信控制。英威腾 CHE 系列变频器控制回路接线图见图 5-12，有 4 路开关量输入 S1、S2、S3 和 S4，2 路模拟量输入 AI1 和 AI2，2 路开关量输出，其中 1 路为继电器输出，另 1 路集电极开漏输出，模拟量输出和 RS-485 通信各 1 路。

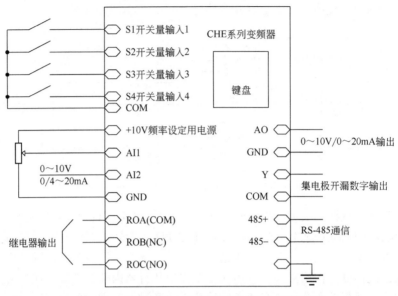

图 5-12　英威腾 CHE 系列变频器控制回路接线图

变频器的开关量输入功能可通过参数设置确定，CHE 系列变频器出厂默认 S1 为正转运行控制、S2 为正转点动、S3 为故障复位、S4 未设任何功能。模拟量输入 AI1 的信号为 DC0～10V 电压信号，模拟量输入 AI2 的信号通过跳线可设为 DC0～10V 电压信号或 DC 0～20mA 电流信号，模拟量输入可通过设定上限和下限等参数调整信号输入范围，比如 AI2 的输入信号为 DC4～20mA 电流信号时，可修改 AI2 下限值使得 DC4～20mA 电流信号与输出频率 0～50Hz 线性对应。开关量输出功能也是通过参数设置确定，继电器输出默认为故障信号，集电极开路输出默认为运行信号。模拟量输出通过跳线设置为 DC0～10V 电压信号或 DC0～20mA 电流信号输出，功能默认为运行频率，根据需要可修改参数设为输出电流、输出电压或输出功率等功能，模拟量输出通过设定上限和下限等参数调整信号输出范围。

在 PLC 控制系统中，变频器的常规控制方案为：用开关量输出控制启停，用模拟量输出控制频率。PLC 控制 CHE 系列变频器接线示意图见图 5-13，开关量输出接点闭合，变频器启动，开关量输出接点断开，变频器停止，变频器启动后按模拟量输出所设定频率运行，变频器故障信号接点反馈给 PLC 的开关量输入端。变频器的运行信号和运行电流等信号可根据需要接入 PLC 系统。

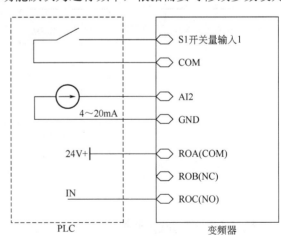

图 5-13　PLC 控制 CHE 系列变频器接线示意图

5.2.3 液压泵调速

在野外工作的撬装设备，如果使用的电动机功率较大，现场无法提供电源时要配套使用撬装发电机组。为了简化系统，有的撬装设备采用柴油发动机作为动力带动液压泵，再用液压驱动液压马达，将液压泵提供的液体压力能转变为其输出轴的机械能，带动泵或压缩机等动设备工作。液压马达具有体积小、重量轻、结构简单等优点，适合使用在撬装设备上，液压马达的调速通过液压泵调速（调整液体的压力和流量）实现，液压泵调速则通过电磁线圈控制比例阀的开度来实现。

比例阀的开度与电磁线圈的工作电流有关，最大工作电流接近 1A，需要通过比例阀放大器控制。某型号比例阀放大器接线示意图见图 5-14，工作电源为 24V，共有 8 路放大器，输入信号为 DC0～10V 电压信号，对应输出 0～100%占空比频率为 200Hz 的脉宽调制信号，可驱动额定电流 2A 以下的电磁线圈。该比例阀放大器支持 CAN 通信，可在通信模式下直接控制 8 路输出的占空比。

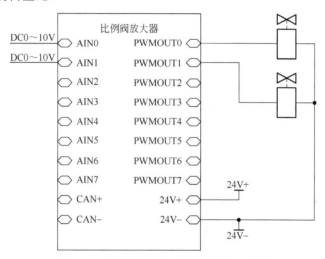

图 5-14 某型号比例阀放大器接线示意图

PVG32 比例多路阀见图 5-15，多路阀是由多个阀块组成的阀块组，每个阀块组可有高达 10 个基本阀块，单个阀块即可用手柄手动控制，也可电控。手柄控制时自由状态为中间停止位置，然后两个方向可控制正反转，手柄动作幅度控制转速。

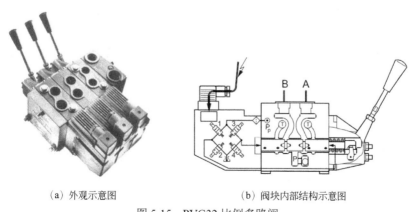

（a）外观示意图　　　　　　　（b）阀块内部结构示意图

图 5-15 PVG32 比例多路阀

PVG32 比例多路阀电控部分内部集成了放大器，其接线示意图见图 5-16，为了和模拟量输出单元的 DC0～10V 电压信号配合，电源选 12V，当输入信号为 0.5 倍电源电压（6V）时为停止状态，当输入信号为 0.75 倍电源电压（9V）时为正向最大速度，当输入信号为 0.25 倍电源电压（3V）时为反向最大速度，内部故障报警输出为集电极开漏输出，低电平有效。

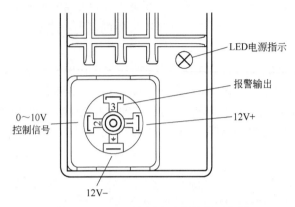

图 5-16 PVG32 比例多路阀接线示意图

5.3 欧姆龙 PLC 模拟量单元应用示例

5.3.1 控制要求

聚合物分散装置是配制聚丙烯酰胺溶液的装置，聚丙烯酰胺是一种多功能的油田化学助剂，广泛用于石油开采的聚合物驱油和三元复合驱油技术，通过注入聚丙烯酰胺溶液，改善油水流速比，使采出物中原油含量提高，增加驱油能力，避免击穿油层，提高采油收率。

聚合物分散装置工艺流程示意图见图 5-17，该装置配液能力为 30m^3/h，最大配液浓度为 0.5%，装置工作时先启动离心泵，然后打开电动阀，调节阀打开到预定开度，使进水流量达到预定处理量，此时启动鼓风机，延时启动给粉机，按配比调整给粉机变频器频率，聚丙烯酰胺粉料落下后由风带动进入水粉混合器，在水流作用下与水充分混合再进入分散罐，分散罐液位升到 20% 时启动搅拌电机，经减速装置带动搅拌器工作，液位达到 60% 时，螺杆泵启动开始排出聚合物溶液，并维持液位在 60%。排出的聚合物溶液进入到熟化罐继续搅拌 2 小时，充分熟化后才能进入下一个流程，当熟化罐接近满罐时，分散装置开始停止工作，先停给粉机，延时停鼓风机，确保管线内不存留粉料，再延时停离心泵，冲洗水粉混合器，稀释分散罐内聚合物浓度，关闭电动阀和调节阀，分散罐内液位开始下降，当液位下降到 10% 时停止搅拌，停止螺杆泵。

聚合物分散装置只是聚合物配注站的一个工艺环节，前面的工艺流程有上粉系统，后续工艺流程有熟化、过滤和注聚等流程，所以聚合物分散装置的控制系统还需将本系统运行参数通过网络通信开放给控制主站，并接收控制主站的启停控制信号实现远程控制。

当上粉系统故障引起粉仓粉位降低，音叉开关检测到无粉时装置会自动停止以保证配液浓度。当分散罐液位达到80%时装置也会自动停止，防止聚合物溶液溢流。

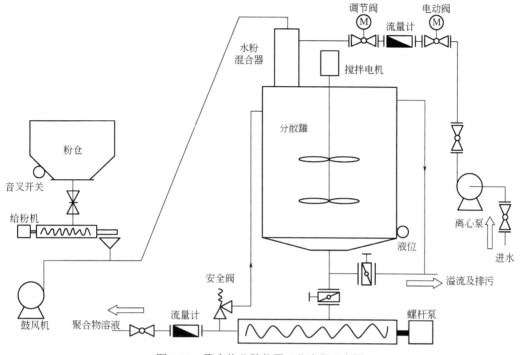

图 5-17　聚合物分散装置工艺流程示意图

5.3.2　电路设计

电气主回路原理图见图 5-18，主回路设总电源开关，离心泵、鼓风机和搅拌器采用接触器控制启停，用热继电器实现电动机保护，螺杆泵和给粉机用变频器控制。

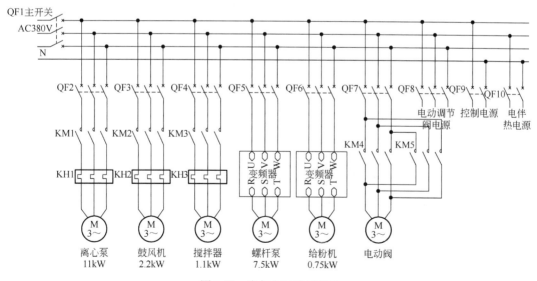

图 5-18　电气主回路原理图

控制电源接线示意意图见图 5-19，控制电源分别给 DC24V 电源、PLC 电源和输出控制供电，DC24V 电源分别给 PLC 输出单元、触屏、流量计和音叉开关供电。

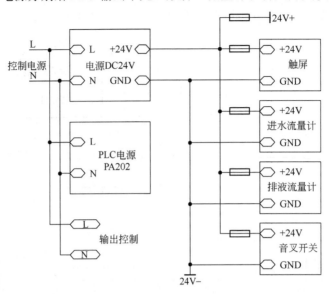

图 5-19　控制电源接线示意图

输出单元接线示意图见图 5-20，输出单元 CJ1W-0D211 为漏型晶体管输出，前 7 路输出带中间继电器，第 8 路输出带声光报警指示。继电器输出接线示意图见图 5-21，KZ1 控制离心泵启停，KZ2 控制鼓风机启停，KZ3 控制搅拌器启停，KZ4 控制电动阀开，KZ5 控制电动阀关，KZ6 控制螺杆泵变频器启停，KZ7 控制给粉机变频器启停。

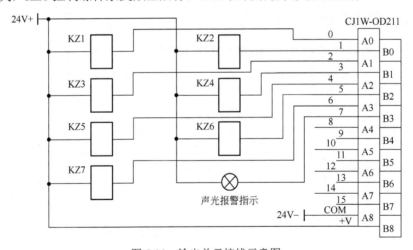

图 5-20　输出单元接线示意图

输入单元接线示意图见图 5-22，离心泵、鼓风机和搅拌器回路的热继电器常开接点，以及螺杆泵、给粉机变频器故障接点用于发出报警信息，同时停止系统运行。电动阀开、关到位接点用于电动阀开、关到位后断开电动阀电源，指示电动阀位置。音叉开关检测到粉位低后报警并停止系统运行。急停按钮按下后停止系统运行，停止所有电动机运行，同时关闭电动阀和调节阀。

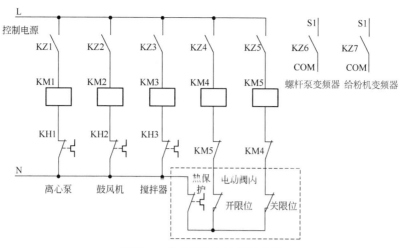

图 5-21　继电器输出接线示意图

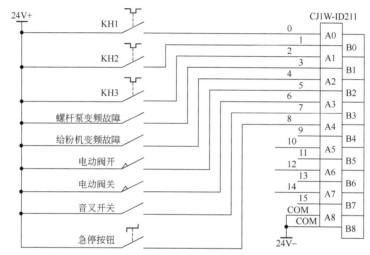

图 5-22　输入单元接线示意图

模拟量单元接线示意图见图 5-23，模拟量输入单元 CJ1W-AD081-V1 使用了 8 路输入中的 4 路，AI1 接进水流量计流量信号，AI2 接排液流量计流量信号，AI3 接调节阀反馈的位置信号，AI4 接单法兰液位计。模拟量输出单元 CJ1W-DA08C 使用了 8 路输出中 3 路，AO1 控制螺杆泵变频器频率，AO2 控制给粉机变频器频率，AO3 控制调节阀开度。

图 5-23　模拟量单元接线示意图

根据电路原理图进行 PLC 的硬件组态。新建项目，PLC 选择 CJ2M-CPU31，硬件组态界面见图 5-24，DC 输入单元 CJ1W-ID211 占用地址 0，晶体管输出单元 CJ1W-OD211 占用地址 1，模拟量输入单元 CJ1W-AD081-V1 单元号为 0，占用地址 2000～2009，模拟量输出单元 CJ1W-DA08C 单元号为 1，占用地址 2010～2019。CPU 机架电源单元选择 CJ1W-PA202，校验电源单元能够满足机架上 CPU 及其配套单元的功耗。

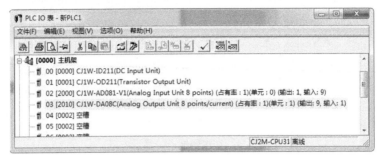

图 5-24　硬件组态界面

进入 CJ1W-AD081-V1 单元设置界面见图 5-25，使能前 4 路要使用的输入，并将输入信号范围设置为 1～5V/4～20mA，具体选电压信号还是电流信号用 CJ1W-AD081-V1 单元上 DIP 开关选择。

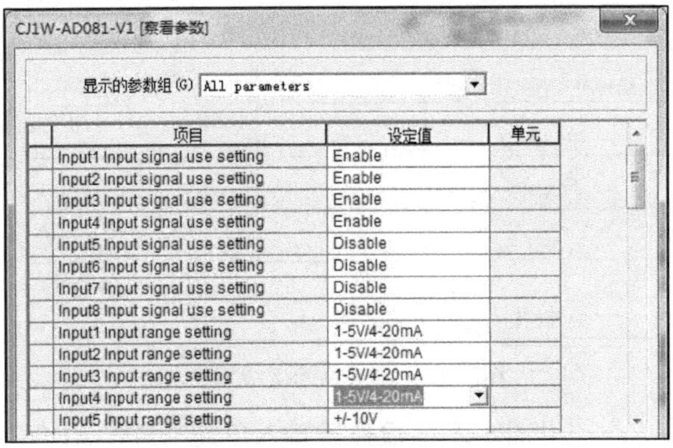

图 5-25　CJ1W-AD081-V1 单元设置界面

CJ1W-DA08C 单元设置界面见图 5-26，使能前 3 路要使用的输出，输出信号类型只支持 4～20mA，没有其他选项。

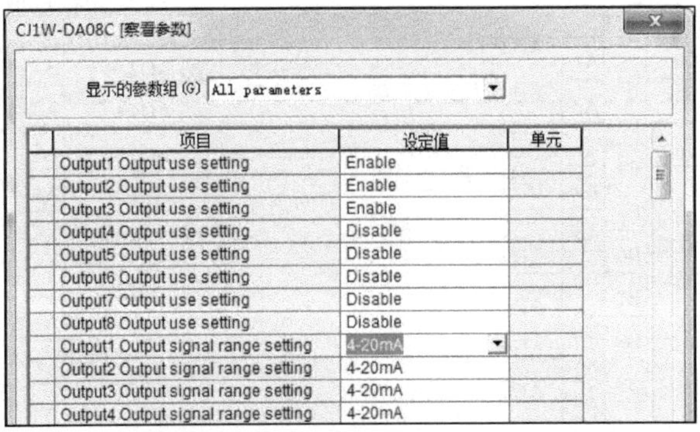

图 5-26　CJ1W-DA08C 单元设置界面

5.3.3　功能与逻辑分析

聚合物分散装置 I/O 表见表 5-1，I/O 输入单元使用了 9 个接点，I/O 输出单元使用了 8 个接点，模拟量输入单元使用了 4 路，模拟量输出单元使用了 3 路，按照 I/O 表建立程序的全局符号表。装置的主要功能是控制粉料和水的比例，配制出聚合物溶液，通过控制排液速度控制分散罐液位。

（1）系统控制

系统有 3 种状态：系统停止、系统运行和手动测试，上电初始状态为系统停止状态，通过触摸屏操作或上位机通信控制可进入系统运行状态，自动按次序启动设备开始工作，系统运行后如出现故障，或是通过触摸屏操作、上位机通信控制可退回到系统停止状态。在手动测试状态触摸屏进入手动操作界面，通过触屏上的按钮独立控制各设备，主要用于独立测试单个设备的控制。系统运行和手动测试两种状态禁止直接切换，必须先退回到系统停止状态。

（2）系统启动过程

① 系统启动后先启动离心泵，同时打开电动阀，设定调节阀开度信号，开始进水。

② 当进水流量大于 $5m^3/h$ 时启动鼓风机。

③ 鼓风机启动后延时 5s 启动给粉机，按配比调整给粉机变频器频率。

④ 分散罐液位升到 20% 时启动搅拌器。

⑤ 分散罐液位达到 50% 时，螺杆泵启动开始排出聚合物溶液，并投入 PID 调节，维持液位在 60%。

（3）系统停止过程

① 系统停止后先停给粉机，延时 10s 停鼓风机。

② 系统停止后延时 120s 停离心泵，同时关闭电动阀和调节阀。

③ 系统停止后螺杆泵退出 PID 调节，以固定频率 40Hz 继续排出聚合物溶液，当分散罐液位下降到 10% 时停止搅拌器，停止螺杆泵。

表 5-1　聚合物分散装置 I/O 表

I/O 输入单元 CJ1W-ID211				I/O 输出单元 CJ1W-OC211			
序号	地址	符号	说明	序号	地址	符号	说明
1	0.00	ID00	离心泵热继电器动作	1	1.00	KZ1	离心泵运行
2	0.01	ID01	鼓风机热继电器动作	2	1.01	KZ2	鼓风机运行
3	0.02	ID02	搅拌器热继电器动作	3	1.02	KZ3	搅拌器运行
4	0.03	ID03	螺杆泵变频故障	4	1.03	KZ4	电动阀开
5	0.04	ID04	给粉机变频故障	5	1.04	KZ5	电动阀关
6	0.05	ID05	电动阀开到位	6	1.05	KZ6	螺杆泵运行
7	0.06	ID06	电动阀关到位	7	1.06	KZ7	给粉机运行
8	0.07	ID07	音叉开关	8	1.07	ALM	报警指示
9	0.08	ID08	急停按钮				

模拟量输入单元 CJ1W-AD081-V1				模拟量输出单元 CJ1W-DA08C			
序号	地址	符号	说明	序号	地址	符号	说明
1	2001	AI1	进水流量	1	2010	ASet	输出使能
2	2002	AI2	排液流量	2	2011	AO1	螺杆泵频率控制
3	2003	AI3	调节阀开度反馈	3	2012	AO2	给粉机频率控制
4	2004	AI4	分散罐液位	4	2013	AO3	调节阀开度控制

梳理完输入输出的逻辑关系后，列出聚合物分散装置寄存器表，见表 5-2，目的主要是对寄存器的使用做好规划，防止发生地址冲突，该表的内容在编写和调试程序时同步修改和更新，同时依照此表建立程序的本地符号表。

表 5-2　聚合物分散装置寄存器表

标志位				定时器			
序号	地址	符号	说明	序号	地址	符号	说明
1	W0.00	RUN	0—停止/1—运行	1	T0000	TH0	给粉机启动延时 5s
2	W0.01	TEST	0—自动/1—手动	2	T0001	TH1	鼓风机延时停止 10s
3	W0.02	REM	远程操作	3	T0002	TH2	离心泵延时停止 120s
4	W1.00	KK1	离心泵手动按钮	4		T0005～T0013	报警延时
5	W1.01	KK2	鼓风机手动按钮				
6	W1.02	KK3	搅拌器手动按钮				
7	W1.03	KK45	电动阀开按钮				
9	W1.04	KK6	螺杆泵手动按钮				
10	W1.05	KK7	给粉机手动按钮				
报警标志位				数据寄存器			
序号	地址	符号	说明	序号	地址	符号	说明
1	W2.00	ALM0	离心泵故障	1	D100	ND00	进水流量 m^3/h，REAL
2	W2.01	ALM1	鼓风机故障	2	D102	ND01	排液流量 m^3/h，REAL
3	W2.02	ALM2	搅拌器故障	3	D104	ND02	调节阀开度反馈%，INT
4	W2.03	ALM3	螺杆泵故障	4	D106	ND03	分散罐液位%，INT
5	W2.04	ALM4	给粉机故障	5	D108	ND04	螺杆泵频率 0.1Hz，INT
6	W2.05	ALM5	液位高报警	6	D110	ND05	给粉机频率 0.1Hz，INT
7	W2.06	ALM6	粉位低报警	7	D112	ND06	调节阀开度%，INT
8	W2.07	ALM7	急停按钮按下	8	D114	ND07	额定下粉量（kg/h），REAL
				9	D116	ND08	配比
				10	D118	ND09	当前屏幕号码
				11	D120	PID0	PID 设定值，UINT
				12	D121	PID1	PID 比例 P，UINT
				13	D122	PID2	PID 积分常数，UINT
				14	D123	PID3	PID 微分常数，UINT
				15	D124	PID4	PID 采样周期，UINT
				16	D125	PID5	PID 控制参数，UINT
				17	D126	PID6	PID 控制参数，UINT
				18	D127	PID7	PID 输出下限，UINT
				19	D128	PID8	PID 输出上限，UINT
				20	D129	PID9	PID 运算区，占用至 D158
				21	D200	MD00	REAL 中间值
				22	D202	MD01	DINT 中间值
				23	D206	MD02	INT 中间值

5.3.4 PLC 程序设计

聚合物分散装置示例程序分 3 段，分别为 I/O 控制、模拟量和报警。I/O 控制程序见图 5-27，包含了手动/自动切换、系统运行和停止、离心泵及其出口电动阀、鼓风机、给粉机、搅拌器和螺杆泵的启停控制。模拟量程序见图 5-28，将模拟量输入转为实际工艺数值，用 PID 控制螺杆泵变频速度来调整分散罐液位，按进水流量和配比计算给粉机变频速度，按触屏设定值控制调节阀开度。报警程序见图 5-29，设备故障、粉仓空和液位高报警，延时声光报警，自动停止系统运行。

模拟量单元默认分辨率为 1/4000，进水流量和排液流量的量程都设为 $50\text{m}^3/\text{h}$，设采样值为 x，则流量值 $y=50x/4000=x/80$，液位和阀门开度习惯上用%表示，相当于量程为 100，则液位（或阀门开度）$y=100x/4000=x/40$，实际编程时注意数据类型的转换。

设阀门开度控制输出在触摸屏上直接设定为 x（范围 0~100），则模拟量输出单元给定值为 $y=40x$，实际测试发现当阀门开度一定时进水流量也很稳定，且进水流量与阀门开度有较确定的关系，所以阀门开度没加自动控制。给粉机设计 50Hz 时额定下粉量为 180kg/h，此值只作为参考值，需要通过实际测试后对其更正，设进水流量为 x（m^3/h）、配比为 $y\%$，所需下粉量为 $1000xy/100=10xy$，设额定下粉量为 z，则给粉机频率 $f=50（10xy）/z=500xy/z$（Hz），为更精确控制频率，控制值精确到 0.1Hz，则 $f=5000xy/z$（0.1Hz）。螺杆泵采用 PID 控制，程序第一次循环时初始化 PID 参数，PID 参数中的比例、积分常数和微分常数只能设置个参考值，要通过实际测试不断调整才能确定最终值。

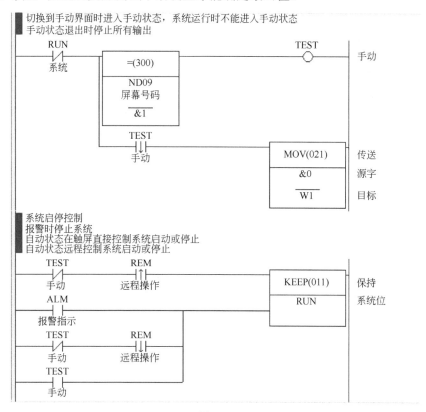

图 5-27

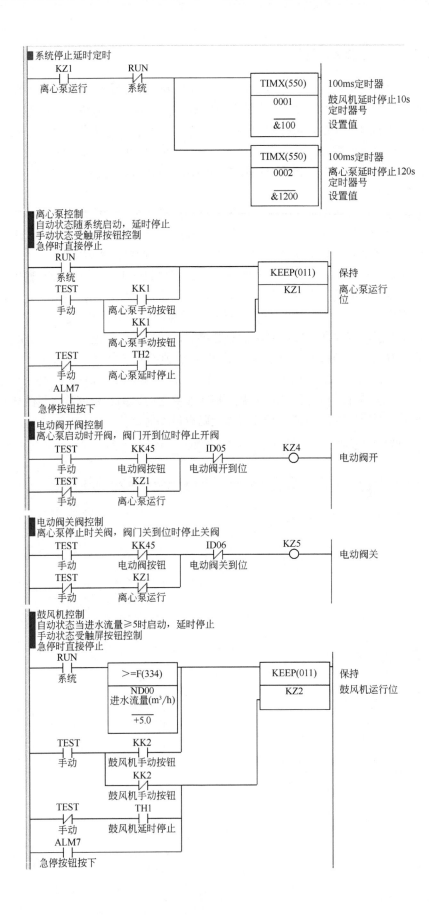

■ 系统停止延时定时

KZ1	RUN		TIMX(550)	100ms定时器
离心泵运行	系统		0001	鼓风机延时停止10s 定时器号
			$\overline{\&100}$	设置值

			TIMX(550)	100ms定时器
			0002	离心泵延时停止120s 定时器号
			$\overline{\&1200}$	设置值

■ 离心泵控制
自动状态随系统启动，延时停止
手动状态受触屏按钮控制
急停时直接停止

RUN			KEEP(011)	保持
系统			KZ1	离心泵运行 位
TEST	KK1			
手动	离心泵手动按钮			
	KK1			
	离心泵手动按钮			
TEST	TH2			
手动	离心泵延时停止			
ALM7				
急停按钮按下				

■ 电动阀开阀控制
离心泵启动时开阀，阀门开到位时停止开阀

TEST	KK45	ID05	KZ4	电动阀开
手动	电动阀按钮	电动阀开到位		
TEST	KZ1			
手动	离心泵运行			

■ 电动阀关阀控制
离心泵停止时关阀，阀门关到位时停止关阀

TEST	KK45	ID06	KZ5	电动阀关
手动	电动阀按钮	电动阀关到位		
TEST	KZ1			
手动	离心泵运行			

■ 鼓风机控制
自动状态当进水流量≥5时启动，延时停止
手动状态受触屏按钮控制
急停时直接停止

RUN	>=F(334)		KEEP(011)	保持
系统	ND00 进水流量(m³/h)		KZ2	鼓风机运行位
	$\overline{+5.0}$			
TEST	KK2			
手动	鼓风机手动按钮			
	KK2			
	鼓风机手动按钮			
TEST	TH1			
手动	鼓风机延时停止			
ALM7				
急停按钮按下				

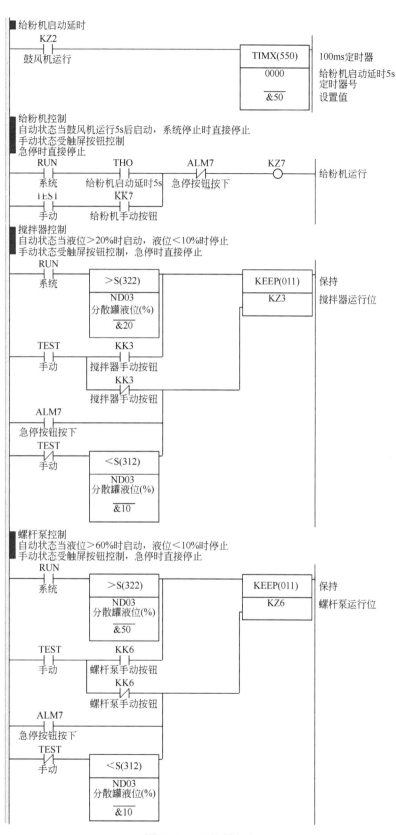

■ 给粉机启动延时

KZ2
鼓风机运行 ————————————————————— TIMX(550)   100ms定时器
                                      0000   给粉机启动延时5s
                                               定时器号
                                       &50   设置值

■ 给粉机控制
自动状态当鼓风机运行5s后启动，系统停止时直接停止
手动状态受触屏按钮控制
急停时直接停止

RUN   TH0   ALM7   KZ7
系统   给粉机启动延时5s 急停按钮按下   ○   给粉机运行
TEST   KK7
手动   给粉机手动按钮

■ 搅拌器控制
自动状态当液位>20%时启动，液位<10%时停止
手动状态受触屏按钮控制，急停时直接停止

RUN
系统   >S(322)   KEEP(011)   保持
            ND03   KZ3   搅拌器运行位
         分散罐液位(%)
            &20

TEST   KK3
手动   搅拌器手动按钮
             KK3
         搅拌器手动按钮

ALM7
急停按钮按下
TEST
手动   <S(312)
            ND03
         分散罐液位(%)
            &10

■ 螺杆泵控制
自动状态当液位>60%时启动，液位<10%时停止
手动状态受触屏按钮控制，急停时直接停止

RUN
系统   >S(322)   KEEP(011)   保持
            ND03   KZ6   螺杆泵运行位
         分散罐液位(%)
            &50

TEST   KK6
手动   螺杆泵手动按钮
             KK6
         螺杆泵手动按钮

ALM7
急停按钮按下
TEST
手动   <S(312)
            ND03
         分散罐液位(%)
            &10

图 5-27   I/O 控制程序

■第一次循环输出使能，初始化液位控制PID参数
■额定下粉量只是参考值，调试时测试出实际值代替180kg/h

P_First_Cycle
├─┤├─────
第一次循环标志

MOV(021)	传送
#FF	源字
ASet	输出使能 目标

MOVF(469)	浮点数移动
+180.0	第一个源字
ND07	额定下粉量 第一个目标字

MOV(021)	传送
&60	源字
PID0	PID设定值 目标

MOV(021)	传送
&200	源字
PID1	PID比例P 目标

MOV(021)	传送
&200	源字
PID2	PID积分常数 目标

MOV(021)	传送
&0	源字
PID3	PID微分常数 目标

MOV(021)	传送
&300	源字
PID4	PID采样周期 目标

MOV(021)	传送
#9	源字
PID5	PID控制参数 目标

MOV(021)	传送
#1797	源字
PID6	PID控制参数 目标

MOV(021)	传送
#200	源字
PID7	PID输出下限 目标

MOV(021)	传送
#500	源字
PID8	PID输出上限 目标

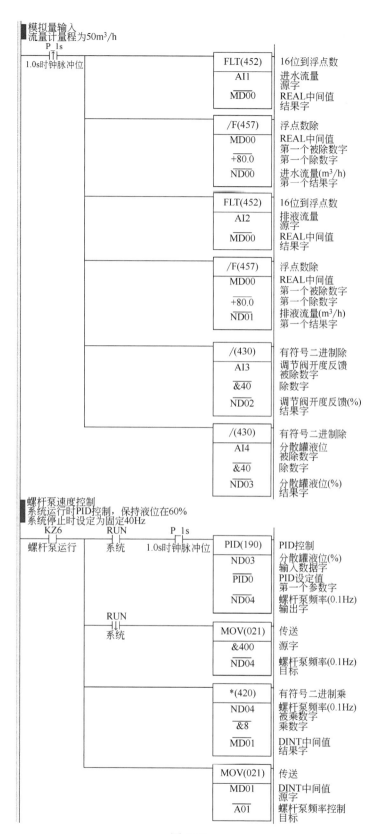

■模拟量输入
■流量计量程为50m³/h

P_1s 1.0s时钟脉冲位		FLT(452)	16位到浮点数
		AI1	进水流量 源字
		MD00	REAL中间值 结果字

	/F(457)	浮点数除
	MD00	REAL中间值 第一个被除数字
	+80.0	第一个除数字
	ND00	进水流量(m³/h) 第一个结果字

	FLT(452)	16位到浮点数
	AI2	排液流量 源字
	MD00	REAL中间值 结果字

	/F(457)	浮点数除
	MD00	REAL中间值 第一个被除数字
	+80.0	第一个除数字
	ND01	排液流量(m³/h) 第一个结果字

	/(430)	有符号二进制除
	AI3	调节阀开度反馈 被除数字
	&40	除数字
	ND02	调节阀开度反馈(%) 结果字

	/(430)	有符号二进制除
	AI4	分散罐液位 被除数字
	&40	除数字
	ND03	分散罐液位(%) 结果字

■螺杆泵速度控制
■系统运行时PID控制,保持液位在60%
■系统停止时设定为固定40Hz

KZ6 螺杆泵运行	RUN 系统	P_1s 1.0s时钟脉冲位	PID(190)	PID控制
			ND03	分散罐液位(%) 输入数据字
			PID0	PID设定值 第一个参数字
			ND04	螺杆泵频率(0.1Hz) 输出字

RUN 系统	MOV(021)	传送
	&400	源字
	ND04	螺杆泵频率(0.1Hz) 目标

	*(420)	有符号二进制乘
	ND04	螺杆泵频率(0.1Hz) 被乘数字
	&8	乘数字
	MD01	DINT中间值 结果字

	MOV(021)	传送
	MD01	DINT中间值 源字
	A01	螺杆泵频率控制 目标

图 5-28

■给粉机速度控制，手动状态在触屏上设置，
■自动状态根据进水流量及配比计算：
f=(流量×(配比/100)×1000(kg)/额定下粉量)×500(单位为0.1Hz)

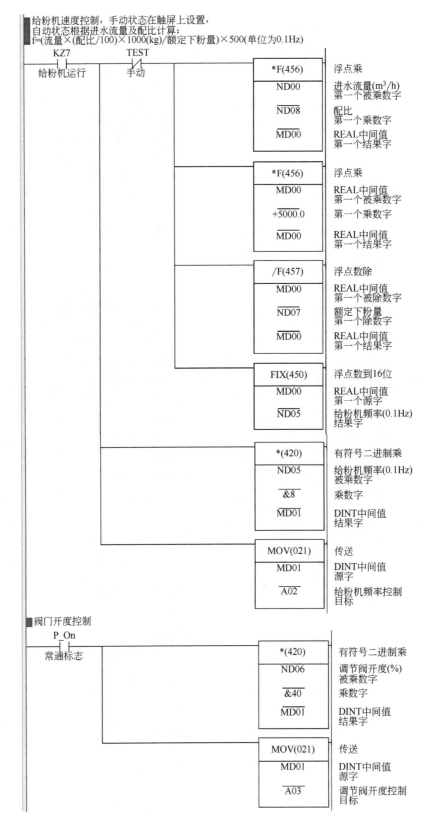

图 5-28　模拟量程序

■报警判断，延时输出

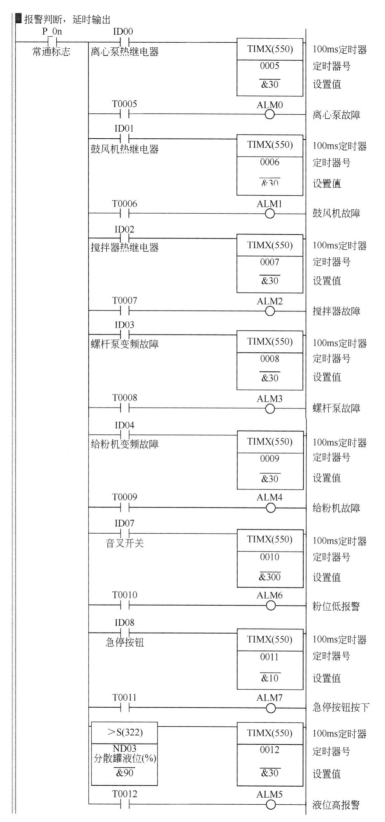

图 5-29

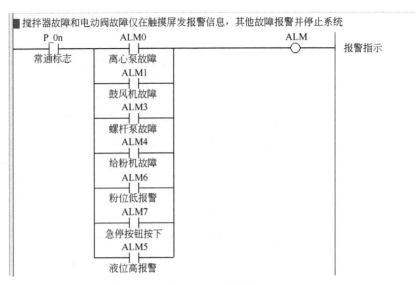

图 5-29　报警程序

5.3.5　触摸屏程序设计

打开 Cx-Designer 软件，新建项目，选择所使用触摸屏的型号，然后进行通信设置。聚合物分散装置触摸屏通信设置见图 5-30，选择触摸屏和 PLC 的通信方式为以太网，分别设置触摸屏和主机的以太网参数。

对触摸屏上需要的变量进行编辑，打开 PLC 程序符号表和触摸屏变量表，见图 5-31，然后在 PLC 程序符号表中选择需要的变量拖拽到触摸屏变量表中，就完成了变量表的初步编辑，可以多拖些变量过去，等触摸屏编程完成之后利用"查找未使用变量"查找没用到的变量，然后统一删除即可。

（a）触摸屏以太网参数设置

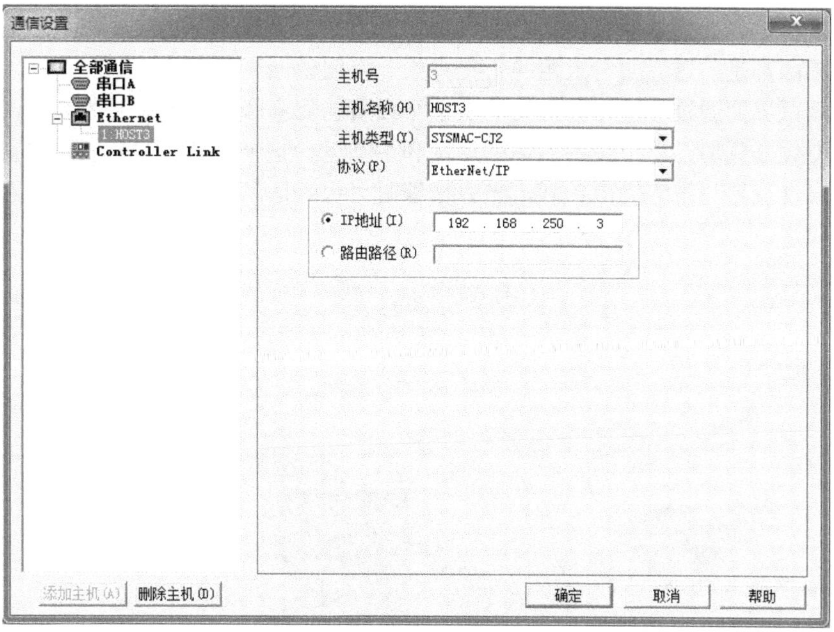

(b) 主机以太网参数设置

图 5-30　聚合物分散装置触摸屏通信设置

图 5-31　PLC 程序符号表和触摸屏变量表

触摸屏设置主界面、手动调试、报警信息共 3 个界面。主界面见图 5-32，手动调试界面见图 5-33，报警信息界面见图 5-34。主界面是正常工作时使用的界面，装置运行前设定调节阀开度和配比设定，然后按下"系统"按钮开关，装置开始按设定程序启动，进入工作状态，再次按下"系统"按钮开关，装置按设定程序停止工作。主界面中设备运行状态关联到对应数字量，用不同颜色区分运行和停止状态，流量、液位、阀门开度和变频器运行频率等模拟量直接显示在页面上。

当系统未运行时，主界面上按下"手动调试"按钮，触摸屏界面会切换到手动调试界面，如果系统已运行则屏蔽"手动调试"按钮，无法进入手动调试界面，这是通过设置"手动调试"按钮的输入控制属性来实现的，避免手动控制影响系统的自动运行状态。任何情况按下"报警信息"按钮都可以切换到报警信息界面，查看报警记录。在手动调试界面和报警信息界面都是通过界面右上角的"主界面"按钮返回主界面的。

手动调试界面通过按钮开关直接控制单个设备的启停和电动阀的开关，手动设置调节阀开度和变频器频率，用于设备的单独调试和手动运行整个系统。主界面"报警信息"按钮的闪动属性设置与报警输出关联，当有报警时"报警信息"按钮会闪动，提示运行人员查看报警信息。

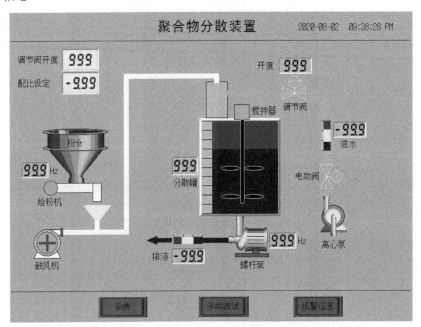

图 5-32　主界面

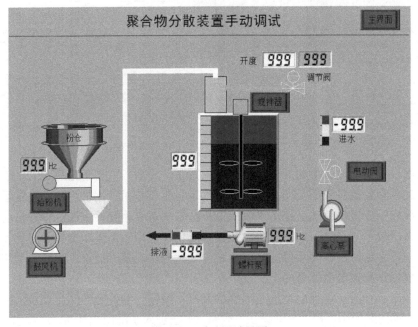

图 5-33　手动调试界面

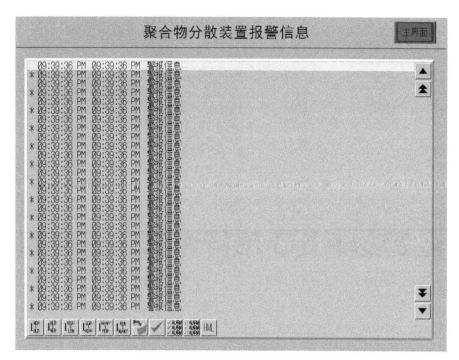

图 5-34 报警信息界面

第6章

欧姆龙 PLC 串行通信单元应用

通信控制与传统的 I/O 控制相比，具有抗干扰性能强、接线简单、能传递模拟量无法传递的信息（如流量计累积流量、变频器故障码）等优点。仪表较早使用的是 HART 通信，复用 4~20mA 接线传递通信信息，由于 HART 通信成本高，中小型 PLC 不支持 HART 通信，更多采用总线型的 RS-485 通信，同时更多的电气、仪表设备也都支持 RS-485 通信，采用 MODBUS 通信协议。

6.1 MODBUS 通信协议

6.1.1 简介

MODBUS 协议是一种软件协议，通过此协议，控制器（如 PLC）可以经由以太网或 RS-485 网络和其他支持 MODBUS 协议的设备进行通信，不同厂商生产的控制设备只要支持 MODBUS 协议就可以连成工业网络，进行集中监控。

RS-485 网络中的 MODBUS 协议有两种传输模式：ASCII 模式和 RTU 模式，其中 ASCII 模式以字符方式传输数据，RTU 模式以 16 进制格式传输数据，例如 RTU 模式传输 1 字节数据 0x01，ASCII 模式对应要传输 0x30 0x31 两字节数据，RTU 模式下数据传输效率更高，所以默认使用 RTU 模式，较少使用 ASCII 模式，还有一点不同之处是 ASCII 模式采用 LRC 校验，而 RTU 模式采用 CRC 校验。在同一个 MODBUS 网络中，所有的设备除了传输模式相同外，波特率、数据位、校验位、停止位等通信参数也必须一致。

RS-485 网络是一种单主多从的控制网络，网络中只有一台设备是主机，其他设备都为从机。主机能够主动地往 RS-485 网络发送报文，所有从机都能收到报文，要对报文进行解析，首先确认报文地址与本从机地址一致，然后进行 CRC 校验，校验正确后按 MODBUS 协议规则执行报文命令并发送回应报文，其他从机则不用执行报文命令，也不会回应报文。主机可以发送广播报文，从机需执行广播报文所包含的命令，但无需回应报文给主机。

6.1.2 接线方式

RS-485通信线使用屏蔽双绞线，波阻抗为120Ω，线路较长时需要在终端接匹配电阻，阻值为120Ω，减少行波反射造成的干扰。

（1）常规接线

RS-485网络常规接线方式见图6-1，通信线总体上是一条总线，从机通信接口都接到总线上，A+对A+，B-对B-，屏蔽线也要都接上，与仪表屏蔽线不同的是，通信屏蔽线要两端都接上，主要是起到等电位的作用。较长线路时才接入终端电阻，部分设备内部有终端电阻，用跳线投入或退出。

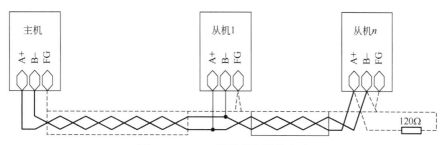

图6-1　RS-485网络常规接线方式

（2）星形接线

RS-485网络星形接线方式见图6-2，这是一种不推荐使用的接线方式，在实践中如果设备比较集中，如都在一个配电柜内或是都在一个撬装设备内，这种接线方式也是能正常工作的。相对较长的通信线末端可接入终端电阻。

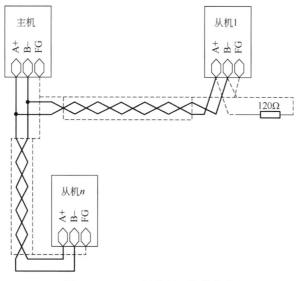

图6-2　RS-485网络星形接线方式

（3）RS-485中继器

RS-485通信距离与通信波特率有关，实际应用中波特率为1200时，通信距离可达1km，当线路更长时，如果出现数据不稳定现象时，可在合适位置加RS-485中继器，延长RS-485

通信距离。RS-485 网络中继接线方式见图 6-3,中继把两组 RS-485 总线连接起来,由于每组 RS-485 网络内有从机数量限制,中继还能起到扩展从机数量的作用。

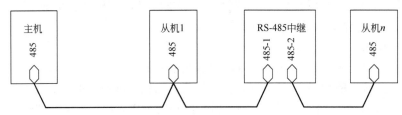

图 6-3　RS-485 网络中继接线方式

（4）RS-485 集线器

RS-485 网络集线器接线方式见图 6-4,集线器比中继多几个从机接口,通过集线器接成星形接线方式是正常的接线方式,性能好的集线器能做到各接口间光电隔离,某分支接口通信出现问题不会影响其他分支的通信。

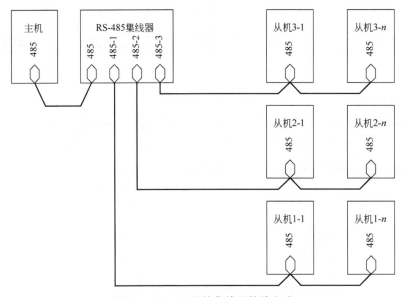

图 6-4　RS-485 网络集线器接线方式

6.1.3　报文格式

（1）基本结构

MODBUS 报文由地址码、功能码、数据区和校验码组成,其中地址码长度为 1 字节,代表从机的通信地址,功能码长度为 1 字节,代表该报文的功能是读或写、读写对象是寄存器(字)还是线圈(位),数据区长度不固定,校验码长度为 2 字节,是校验码之前所有报文字节经 CRC 校验算法生成的字,低位字节在前,高位字节在后。

（2）读取寄存器

读取寄存器的报文格式见表 6-1,主机发送报文的功能码为 0x03 或 0x04,具体以从机设备的通信规约为准,报文数据区明确了从哪个寄存器开始连续读取多少个寄存器,从机按要求返回寄存器数据,数据区第 1 个字节是后面数据区的字节数,一般为寄存器数量的 2 倍,然后依次是各寄存器数据,每个寄存器占 2 字节,高位在前,低位在后。

表 6-1　读取寄存器的报文格式

主机发送报文		从机返回报文	
结构	说明	结构	说明
地址码	从机地址	地址码	从机地址
功能码	功能码为 0x03 或 0x04	功能码	功能码为 0x03 或 0x04
数据区	寄存器起始地址高字节	数据区	字节数，寄存器数量的 2 倍
	寄存器起始地址低字节		寄存器内容高字节
	寄存器数量高字节		寄存器内容低字节
	寄存器数量低字节		其他寄存器数据
校验码	CRCL	校验码	CRCL
	CRCH		CRCH

（3）写单个寄存器

写单个寄存器的报文格式见表 6-2，主机发送报文的功能码为 0x06，报文数据区明确了从寄存器地址及要写入的数据，从机原文返回数据。

表 6-2　写单个寄存器的报文格式

主机发送报文		从机返回报文	
结构	说明	结构	说明
地址码	从机地址	地址码	从机地址
功能码	功能码为 0x06	功能码	功能码为 0x06
数据区	寄存器地址高字节	数据区	寄存器地址高字节
	寄存器地址低字节		寄存器地址低字节
	寄存器数据高字节		寄存器数据高字节
	寄存器数据低字节		寄存器数据低字节
校验码	CRCL	校验码	CRCL
	CRCH		CRCH

（4）写多个寄存器

写多个寄存器的报文格式见表 6-3，主机发送报文的功能码为 0x10，报文数据区包括待写入寄存器的起始地址、寄存器数量、待写入数据字节数和数据内容，从机返回已写入寄存器的起始地址和寄存器数量。

表 6-3　写多个寄存器的报文格式

主机发送报文		从机返回报文	
结构	说明	结构	说明
地址码	从机地址	地址码	从机地址
功能码	功能码为 0x10	功能码	功能码为 0x10
数据区	寄存器起始地址高字节	数据区	寄存器起始地址高字节
	寄存器起始地址低字节		寄存器起始地址低字节
	寄存器数量高字节		寄存器数量高字节
	寄存器数量低字节		寄存器数量低字节
	字节数	校验码	CRCL
	寄存器数据高字节		CRCH
	寄存器数据低字节		
	其他寄存器数据		
校验码	CRCL		
	CRCH		

（5）写线圈

写线圈也称写继电器，用于控制输出或改变位变量的值。写线圈的报文格式见表 6-4，主机发送报文的功能码为 0x05，报文数据区为线圈地址及要写入的值，从机原文返回数据。

表 6-4　写线圈的报文格式

主机发送报文		从机返回报文	
结构	说明	结构	说明
地址码	从机地址	地址码	从机地址
功能码	功能码为 0x05	功能码	功能码为 0x05
数据区	线圈地址高字节	数据区	线圈地址高字节
	线圈地址低字节		线圈地址低字节
	写入值高字节		写入值高字节
	写入值低字节		写入值低字节
校验码	CRCL	校验码	CRCL
	CRCH		CRCH

（6）异常响应报文

如果主机发送了一个非法的报文给从机或者是主机请求一个无效的寄存器时，从机就会返回异常响应报文。异常响应报文由从机地址、功能码、故障码和校验码组成，其中功能码为在主机发送来功能码加 0x80，例如主机读寄存器的功能码为 0x03 时，返回的功能码为 0x83，故障码的含义见表 6-5。

表 6-5　故障码的含义

故障码	说明
0x01	非法功能码，从机不支持该功能码
0x02	非法寄存器地址，寄存器地址超出从机可读写寄存器地址范围
0x03	非法数据值，寄存器数量超范围，数据格式错误或超出范围

6.2　支持 MODBUS 协议外围设备

6.2.1　调节阀

派格森 FC11R 系列阀门控制模块见图 6-5，FC11R 可选配 RS-485 通信接口，通信参数为 2400,n,8,1，不可更改，通信协议为 MODBUS 协议，用功能码 03 读寄存器，用功能码 06 写寄存器。

（1）通信地址更改

通信地址需要通过控制面板来修改，在自动控制状态下，按住 A/M 键不动，进入 U0 菜单后，一直按 A/M 键直到显示 U5，再按▲▼键调整 U5 的数据，直到数码管显示 1888 时，按 A/M 键进入到 U12，再继续按到 U14，此时根据地址需要，按▲▼键调整 U14 的数据，该值代表模块的通信地址，设定好后，按 A/M 键回到 U5，此时按▲▼键调整 U5 的数据，使其等于 5 时，按 A/M 键保存退出。

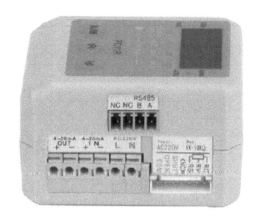 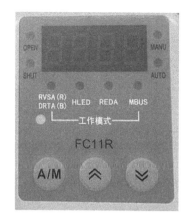

（a）接线端子   （b）控制面板

图 6-5　派格森 FC11R 系列阀门控制模块

（2）寄存器

FC11R 系列阀门控制模块寄存器见表 6-6，远程/本地寄存器上电默认为 0，要想实现远程 RS-485 通信控制，需要先向地址 0x0000 写入 0x0001，然后再向地址 0x0002 写入设定值。FC11R 系列阀门控制模块故障代码见表 6-7，当开阀堵转时故障代码为"－E5－"，读回的寄存器值为 0x0020，10 进制为 $32=2^5$。

表 6-6　FC11R 系列阀门控制模块寄存器

序号	名称	地址	数据类型	说明
1	远程/本地	0x0000	UINT	0—本地 DC4～20mA 控制；1—远程 RS-485 通信控制
2	阀位值	0x0001	UINT	读取的数值减去 1999，结果为实际返回阀位值，单位 0.1%
3	设定值	0x0002	UINT	写入数据等于 1999 加上实际设定阀位值，单位 0.1%
4	故障代码	0x0003	UINT	故障代码，数值为 2^n 代表故障码为－En－

表 6-7　FC11R 系列阀门控制模块故障代码

序号	错误代码	说明
1	－E1－	DC4～20mA 控制模式下输入信号≤3mA
2	－E3－	控制线或信号线接线错误
3	－E4－	关阀堵转
4	－E5－	开阀堵转

（3）通信举例

读取 FC11R 寄存器的通信报文见表 6-8，设置远程操作的通信报文见表 6-9，设置阀门开度的通信报文见表 6-10。

表 6-8　读取 FC11R 寄存器的通信报文

读取命令		返回信息	
数据	说明	数据	说明
0x01	地址为 1	0x01	地址为 1
0x03	功能码为读取	0x03	功能码为读取
0x00	起始地址为 0	0x06	返回 6 字节

读取命令		返回信息	
数据	说明	数据	说明
0x00	起始地址为 0	0x00	0x0001
0x00	读取 3 个存储器	0x01	远程
0x03		0x0A	0x0ABD=2749
CRCL	CRC 校验码	0xBD	2749-1999=750 阀位值 75.0
CRCH		0x0A	0x0ABD=2749
		0xBD	2749-1999=750 设定值 75.0
		CRCL	CRC 校验码
		CRCH	

表 6-9　设置远程操作的通信报文

读取命令		返回信息	
数据	说明	数据	说明
0x01	地址为 1	0x01	
0x06	功能码为写入	0x06	
0x00	地址为 0x0001	0x00	
0x01		0x01	原文返回
0x00	数据位 0x0001	0x00	
0x01		0x01	
CRCL	CRC 校验码	CRCL	
CRCH		CRCH	

表 6-10　设置阀门开度的通信报文

读取命令		返回信息	
数据	说明	数据	说明
0x01	地址为 1	0x01	
0x06	功能码为写入	0x06	
0x00	地址为 0x0002	0x00	
0x02		0x01	原文返回
0x09	设定值 50.0　1999+500=2499	0x00	
0xC3	2499=0x09C3	0x01	
CRCL	CRC 校验码	CRCL	
CRCH		CRCH	

6.2.2 流量计

不同厂家的流量计虽说都支持 MODBUS 规约，但由于寄存器地址、数据类型不尽相同，通信报文也会不一样，期待能有个流量计专用的 MODBUS 扩展规约，各仪表厂家能在指定地址以指定的数据类型存放流量和累积量数据。

（1）L-mag 电磁流量计

L-mag 电磁流量计 RS-485 通信接口支持波特率 1200bps、2400bps、4800bps、9600bps 和 19200bps，其他参数为：1 位起始位、8 位数据位、1 位停止位、无校验。仅支持功能码 04 读取输入寄存器来实现采集数据，通信地址和通信波特率通过控制面板进入参数设置界面设置，设置方法参照说明书进行操作。

L-mag 电磁流量计寄存器见表 6-11，最常用的是瞬时流量和正向累积整数，为提高通信效率，这两个寄存器要一次都读取出来，即从 0x1010 开始读取 0x000A 个寄存器，读取多个寄存器的通信报文见表 6-12，对于返回报文中的数据只处理所需要的，其他忽略，瞬时流量数据与流量计显示流量一致，流量单位在参数设置界面手动设置。

表 6-11　L-mag 电磁流量计寄存器

序号	名称	地址	数据类型
1	瞬时流量	0x1010	REAL
2	瞬时流速	0x1012	REAL
3	流量百分比	0x1014	REAL
4	流体电导比	0x1016	REAL
5	正向累积整数	0x1018	UDINT
6	正向累积小数	0x101A	REAL
7	反向累积整数	0x101C	UDINT
8	反向累积小数	0x101E	REAL
9	流量单位	0x1020	UINT
10	累积量单位	0x1021	UINT
11	上限报警	0x1022	UINT
12	下限报警	0x1023	UINT
13	空管报警	0x1024	UINT
14	系统报警	0x1025	UINT

表 6-12　读取多个寄存器的通信报文

读取命令		返回信息	
数据	说明	数据	说明
0x01	地址为 1	0x01	地址为 1
0x04	功能码为读取	0x04	功能码为读取
0x10	起始地址为 0x1010	0x14	返回 20 字节
0x10		0x41BB3333	十进制 23.4m³/h
0x00	读取 10 个存储器	0xXXXXXXXX	忽略
0x0A		0xXXXXXXXX	忽略
CRCL	CRC 校验码	0xXXXXXXXX	忽略
CRCH		0x00000834	十进制 2100m³
		CRCL	CRC 校验码
		CRCH	

（2）LZYN 质量流量计

LZYN 质量流量计 RS-485 接口的波特率默认为 9600bps，还可选择 4800bps、2400bps、1200bps，数据格式默认 1 起始位、8 数据位、无校验位、2 个停止位，可选择奇校验位或偶校验位加 1 个停止位，数据帧最大长度 256 字节。

MODBUS 协议由地址、功能码、数据和 CRC 校验码组成。LZYN 质量流量计的地址范围从 0x01H 到 0xFDH 共 253 个，地址 0x00H 用作广播地址。支持的功能码如下。

- 功能码 01：读位变量数据；
- 功能码 04：读 16 位整型变量或浮点型变量数据；
- 功能码 05：写位变量数据；
- 功能码 06：写 16 位整型变量数据；
- 功能码 08：诊断，仅支持子功能码 00；
- 功能码 16：写浮点型变量数据；
- 功能码 17：报告从机 ID。

数据包括寄存器地址、寄存器数量、字节数量和寄存器内容，每个寄存器地址或内容占两个字节，高字节在前，寄存器内容中整型变量数据占两个字节，高字节在前，单精度浮点型变量数据占 4 个字节，采用高字节在前的模式，CRC 校验码也占两个字节，从地址开始到数据结束做 16 位 CRC 校验，低字节在前。

LZYN 常用变量寄存器见表 6-13，读取质量流量的通信报文见表 6-14。

表 6-13　LZYN 常用变量寄存器

序号	名称	地址	数据类型	说明
1	波特率	0x0C	UINT	0～9600bps　1～4800bps　2～2400bps　3～1200bps
2	地址	0x17	UINT	MODBUS 从机地址
3	质量流量单位	0x11	UINT	0—g/s；1—kg/s；2—kg/m；3—t/d；4—kg/h；5—t/h
4	密度单位	0x12	UINT	0—g/cm³；1—kg/L；2—kg/m³
5	温度单位	0x13	UINT	0—℃；1—F
6	体积流量单位	0x14	UINT	0—mL/s；1—L/s；2—L/m；3—m³/d；4—L/h；5—m³/h
7	质量总量单位	0x15	UINT	0—g；1—kg；2—t
8	体积总量单位	0x16	UINT	0—mL；1—L；2—m³
9	质量流量	0xA7	REAL	默认单位：kg/s
10	密度	0xA9	REAL	默认单位：g/cm³
11	温度	0xAB	REAL	默认单位：℃
12	体积流量	0xAD	REAL	默认单位：L/s
13	质量总量	0xAF	REAL	默认单位：kg
14	体积总量	0xB1	REAL	默认单位：L

表 6-14　读取质量流量的通信报文

读取命令		返回信息	
数据	说明	数据	说明
0x01	地址为 1	0x01	地址为 1
0x04	功能码为读取	0x04	功能码为读取
0x00A7	起始地址为 0x00A7	0x04	返回 4 字节
0x0002	读取 2 个存储器	0x3DFCD6DE	浮点数 0.1234567kg/s
CRCL	CRC 校验码	CRCL	CRC 校验码
CRCH		CRCH	

6.2.3　伺服装置

（1）三菱 MR-JE 系列伺服简介

三菱 MR-JE 系列伺服的控制模式有位置控制、速度控制和转矩控制三种。在位置控制模式下，伺服电机带动外部机械装置首先要寻到零位，然后通过转过不同转数到达不同机械位置实现位置控制，速度控制和转矩控制与变频器类似，区别是伺服有编码器，速度控制更精确。三菱 MR-JE 系列伺服接线示意图见图 6-6，伺服放大器使用单相或三相 AC200～240V 电源，配套的伺服电机有动力电缆和编码器信号电缆和伺服放大器连接，安装了 MR Configurator2 的计算机连接 USB 通信接口后，能够进行数据设定和试运行以及增益调整等，PLC 通过控制与通信接口控制伺服的动作。

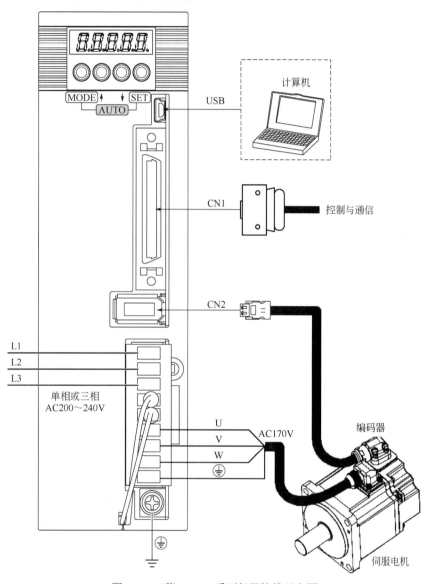

图 6-6　三菱 MR-JE 系列伺服接线示意图

（2）MR Configurator2 软件

MR Configurator2 软件可在三菱电机自动化官网下载，用电子邮箱申请软件的序列号。软件安装后用 USB 数据线连接伺服装置，打开软件，新建工程，MR Configurator2 软件界面见图 6-7，顶部为菜单栏和工具栏，左上侧为工程界面，双击其中的"参数"，右侧弹出"参数设置"界面，选中参数后"停靠帮助"显示该参数的详细说明，参考说明能较容易进行参数设置，参数都设置完成后要保存，然后写入伺服。左下侧的伺服助手界面能直接驱动伺服电动机动作，用于伺服装置的测试。

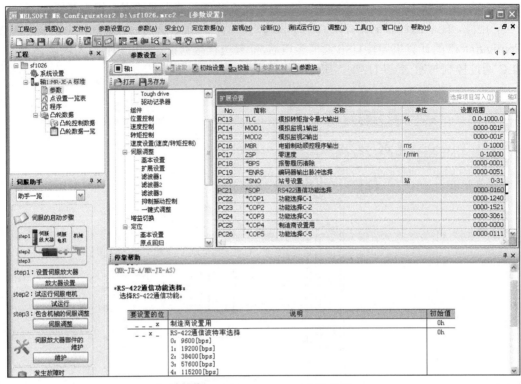

图 6-7 MR Configurator2 软件界面

（3）通信控制伺服点位表模式定位示例

伺服驱动减速机构（减速比 69∶1）带动丝杠（螺距 2mm）做直线运动，每 5mm 设 1个点，最远距离 50mm，用 RS-485 通信控制伺服停在任意一点。

① 伺服装置 RS-485 通信接口　三菱 MR-JE 系列伺服具有 RS-422/RS-485 通信接口，通信协议支持三菱通用 AC 伺服协议和 MODBUS 协议，和欧姆龙 PLC 通信时建议使用MODBUS 协议。控制与通信接口 CN1 使用 50 个引脚的接插件，其中 CN1-13（SDP）、CN1-14（SDN）、CN1-39（RDP）、CN1-40（RDN）和 CN1-31（TRE）为 RS-422/485 通信用端子，实际接线时 13、39 接 RS-485A，14、40 接 RS-485B，默认通信参数为 9600，e，8，1。

② 伺服参数设置　电子齿轮设置见图 6-8，根据减速比和丝杠螺距可以计算出每移动10mm 需要伺服电机转过 69×（10/2）=345 转，设电机编码器分辨率为 10000、电子齿轮分子为 345，对应每转指令脉冲数为 29。

点位表设置见图 6-9，设置了 10 个点，点 1 目标位置 5000 个脉冲对应转数为：5000/29=172.4，移动距离为：172.4×（10/345）=5mm，同理点 2 目标位置 10000 对应距离原点位置为10mm。转速表示伺服以指定速度到达定位点，时间常数表示伺服电机达到指定转速的时间。

原点回归设置见图 6-10，原点回归方式选择"连续运行型"，原点回归方向选"地址减少方向"即反转回归原点，在机械上原点位置有机械阻挡装置，伺服每次上电后首先控制其回到原点，反转到原点后因机械阻挡转矩超过转矩限制值 15%，伺服判断找到原点并停止，置当前位置脉冲为 0。

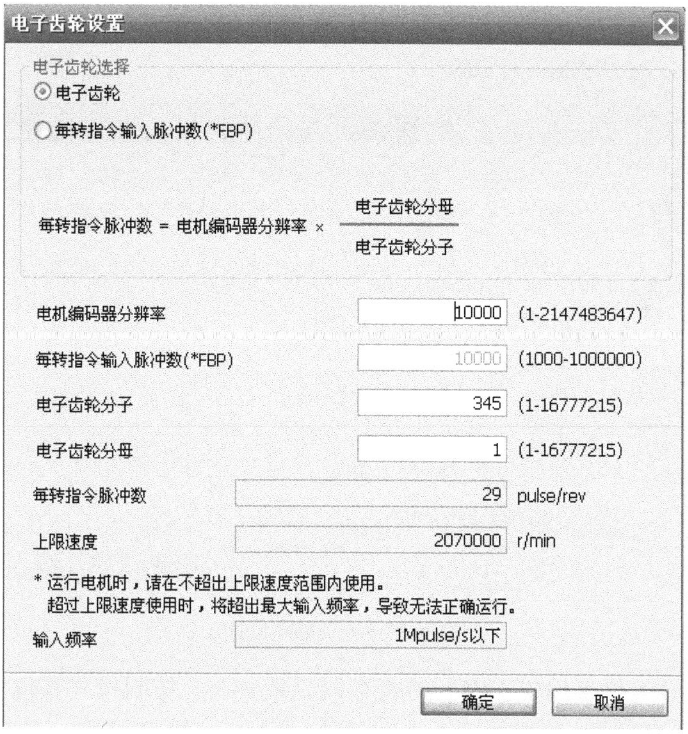

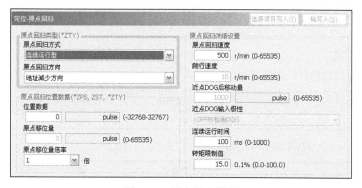

电子齿轮设置

电子齿轮选择
⊙ 电子齿轮
○ 每转指令输入脉冲数(*FBP)

$$每转指令脉冲数 = 电机编码器分辨率 \times \frac{电子齿轮分母}{电子齿轮分子}$$

电机编码器分辨率   10000 (1-2147483647)

每转指令输入脉冲数(*FBP)   10000 (1000-1000000)

电子齿轮分子   345 (1-16777215)

电子齿轮分母   1 (1-16777215)

每转指令脉冲数   29 pulse/rev

上限速度   2070000 r/min

* 运行电机时，请在不超出上限速度范围内使用。
超过上限速度使用时，将超出最大输入频率，导致无法正确运行。

输入频率   1Mpulse/s以下

确定   取消

图 6-8 电子齿轮设置

点设置一览表定位运行(绝对值指令方式)

No.	目标位置 -999999-999999 pulse	转速 0-65535 r/min	加速时间常数 0-20000 ms	减速时间常数 0-20000 ms
1	5000	1000	100	100
2	10000	2000	100	100
3	15000	2000	100	100
4	20000	2000	100	100
5	25000	2000	100	100
6	30000	2000	100	100
7	35000	2000	100	100
8	40000	2000	100	100
9	45000	2000	100	100
10	50000	2000	100	100

图 6-9 点位表设置

定位-原点回归

原点回归类型(*ZTY)
原点回归方式
连续运行型
原点回归方向
地址减少方向

原点回归位置数据(*ZPS, ZST, *ZTY)
位置数据
0 pulse (-32768-32767)
原点移位量
0 pulse (0-65535)
原点移位量倍率
1 倍

原点回归详细设置
原点回归速度
500 r/min (0-65535)
爬行速度
10 r/min (0-65535)
近点DOG后移动量
1000 pulse (0-65535)
近点DOG输入极性
OFF时检出DOG
连续运行时间
100 ms (0-1000)
转矩限制值
15.0 0.1% (0.0-100.0)

选择项目写入(I)   轴写入(S)

图 6-10 原点回归设置

在通信控制模式下，控制线都不接，但要在如图 6-11 所示自动 ON 设置中选择输入信号 SON、LSP、LSN 和 EM2 为 ON。

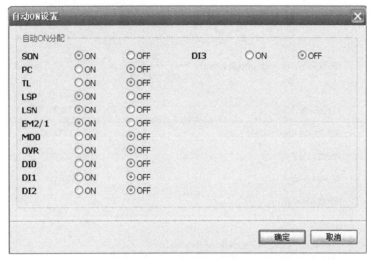

图 6-11　自动 ON 设置

③ 寄存器　点位表模式下用到的寄存器见表 6-15，控制模式有位置控制、速度控制、转矩控制、点位表、程序运行、原点复位和 JOG 运行共 7 种，表中只列出用到的原点复位模式和点位表模式的值，点位表指定用于设定目标点位值，控制指令用于主站（控制器）向从站（伺服放大器）发布指令，当前位置和运行状态用于读取伺服放大器状态。

表 6-15　点位表模式下用到的寄存器

序号	名称	地址	数据类型	说明
1	控制模式设置	0x6060	UINT	使用功能码 0x10 设定控制模式 值为 0x0006 时为原点复位模式 值为 0x009B 时为点位表模式
2	点位表指定	0x2D60	UINT	使用功能码 0x10 设定点位表指定编号
3	控制指令	0x6040	UINT	设定为原点复位模式或指定新的点位编号后，使用功能码 0x10 写入 0x0F 再写入 0x1F 才能开始寻零或进入新的点位表
4	当前位置	0x6064	UDINT	使用功能码 0x03 读取当前位置对应的脉冲数
5	运行状态	0x2D15	UINT	使用功能码 0x03 读取当前运行状态： 位 7 为原点复位完成标志； 位 6 为移动完成标志，即已进入新的点位表

（4）通信报文

① 读取当前位置，发送报文如下：

从机地址	功能码	寄存器地址	寄存器点数	CRC 校验
0x01	0x03	0x6064	0x0002	0x9BD4

返回报文如下：（数据 0x00002710 的十进制值为 10000）

从机地址	功能码	字节数量	数据	CRC 校验
0x01	0x03	0x04	0x00002710	0xE00F

② 读取运行状态，发送报文如下：

从机地址	功能码	寄存器地址	寄存器点数	CRC 校验
0x01	0x03	0x2D15	0x0001	0x9CA2

返回报文如下：（数据 0x00E0 的位 6 和位 7 均为 1，表示原点复位完成，移动完成）

从机地址	功能码	字节数量	数据	CRC 校验
0x01	0x03	0x02	0x00E0	0xB9CC

③ 设控制模式为原点复位报文如下：

从机地址	功能码	寄存器地址	寄存器点数	字节数	数据	CRC 校验
0x01	0x10	0x6060	0x0001	0x02	0x0006	0x4FF4

返回报文如下：

从机地址	功能码	寄存器地址	寄存器点数	CRC 校验
0x01	0x10	0x6060	0x0001	0x1FD7

控制指令写入 0x0F 报文如下：

从机地址	功能码	寄存器地址	寄存器点数	字节数	数据	CRC 校验
0x01	0x10	0x6040	0x0001	0x02	0x000F	0x8892

返回报文如下：

从机地址	功能码	寄存器地址	寄存器点数	CRC 校验
0x01	0x10	0x6040	0x0001	0x1E1D

控制指令写入 0x1F 报文如下：

从机地址	功能码	寄存器地址	寄存器点数	字节数	数据	CRC 校验
0x01	0x10	0x6040	0x0001	0x02	0x001F	0x895E

返回报文如下：

从机地址	功能码	寄存器地址	寄存器点数	CRC 校验
0x01	0x10	0x6040	0x0001	0x1E1D

伺服装置开始原点复位。

④ 如果原点复位完成，设控制模式为点位表模式报文如下：

从机地址	功能码	寄存器地址	寄存器点数	字节数	数据	CRC 校验
0x01	0x10	0x6060	0x0001	0x02	0x009B	0x8E5D

返回报文如下：

从机地址	功能码	寄存器地址	寄存器点数	CRC 校验
0x01	0x10	0x6060	0x0001	0x1FD7

⑤ 进入新点位表报文如下：

从机地址	功能码	寄存器地址	寄存器点数	字节数	数据	CRC 校验
0x01	0x10	0x2D60	0x0001	0x02	0x0002	0xD333

返回报文如下：

从机地址	功能码	寄存器地址	寄存器点数	CRC 校验
0x01	0x10	0x2D60	0x0001	0x08BB

控制指令写入 0x0F 报文如下：

从机地址	功能码	寄存器地址	寄存器点数	字节数	数据	CRC 校验
0x01	0x10	0x6040	0x0001	0x02	0x000F	0x8892

返回报文如下：

从机地址	功能码	寄存器地址	寄存器点数	CRC 校验
0x01	0x10	0x6040	0x0001	0x1E1D

控制指令写入 0x1F 报文如下：

从机地址	功能码	寄存器地址	寄存器点数	字节数	数据	CRC 校验
0x01	0x10	0x6040	0x0001	0x02	0x001F	0x895E

返回报文如下：

从机地址	功能码	寄存器地址	寄存器点数	CRC 校验
0x01	0x10	0x6040	0x0001	0x1E1D

伺服装置开始进入新的点位表。

6.2.4 多功能电度表

多功能电度表可安装在配电盘柜上，即能显示进线电压、电流值，也能显示有功功率、无功功率、功率因数和电量。PLC 可以和多功能电度表通信读取电量数据，用于统计分析控制装置耗电量情况。

（1）端子接线

DTSD342-9N 型三相电子式多功能电能表可通过 RS-485 进行数据通信，通信接口支持 MODBUS-RTU 和 DL/T645 双通信规约。DTSD342-9N 背面接线端子图见图 6-12，上排端子中 V+、V-为电源端子，可接交流或直流电源，电压范围 40～420V，R_{11}、R_{12}、R_{21}、R_{22} 为 2 路继电器输出，下排端子中 V_1、V_2、V_3 和 V_n 为测量电压输入端，I_{11}、I_{12}、I_{21}、I_{22}、I_{31}、I_{32} 为三相电流输入端，中间排端子中 P+、Q+、COM_1 为有功、无功脉冲输出端，$DI_1 \sim DI_4$ 和 COM_2 为 4 路数字输入端，A_1、B_1、A_2、B_2 为 2 路 RS-485 接口。电能表三相四线制接线图见图 6-13，多用于低压配电柜，电压信号经保险接入，电流信号经电流互感器接入，设置好参数设置中电流互感器变比，可以直接读取电流和电量数据的一次值。

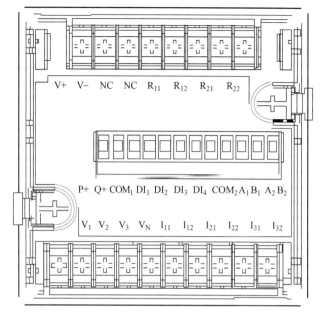

图 6-12　DTSD342-9N 背面接线端子图

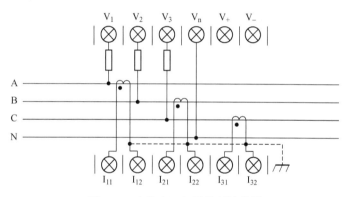

图 6-13　电能表三相四线制接线图

（2）寄存器

DTSD342-9N 电能表 MODBUS 协议常用寄存器见表 6-16，其中前 11 个参数为瞬时量，并且地址码都在一定区域内，可以用功能码 0x03 一次全部读取出来，后 4 个参数为累积量，也可以用功能码 0x03 一次全部读取出来。

表 6-16　DTSD342-9N 电能表 MODBUS 协议常用寄存器

序号	名称	地址	数据类型	单位
1	A 相电压	0x1900	REAL	V
2	B 相电压	0x1902	REAL	V
3	C 相电压	0x1904	REAL	V
4	AB 线电压	0x1908	REAL	V
5	BC 线电压	0x190A	REAL	V
6	CA 线电压	0x190C	REAL	V
7	A 相电流	0x1910	REAL	A

序号	名称	地址	数据类型	单位
8	B 相电流	0x1912	REAL	A
9	C 相电流	0x1914	REAL	A
10	功率因数	0x1938	REAL	
11	频率	0x193A	REAL	Hz
12	总正向有功电能	0x005C	REAL	Wh
13	总反向有功电能	0x005E	REAL	Wh
14	总正向无功电能	0x0060	REAL	varh
15	总反向无功电能	0x0062	REAL	varh

（3）通信示例

① 读取三相电压，发送报文如下：

从机地址	功能码	寄存器地址	寄存器点数	CRC 校验
0x01	0x03	0x1900	0x0006	0xC294

返回报文如下：（U_a=231.2V　U_b=231.6V　U_c=231.5V）

从机地址	功能码	字节数量	数据 Ua	数据 Ub	数据 Uc	CRC 校验
0x01	0x03	0x0C	0x43673333	0x4367999A	0x43678000	0x1092

② 读取三相电流，发送报文如下：

从机地址	功能码	寄存器地址	寄存器点数	CRC 校验
0x01	0x03	0x1910	0x0006	0x9CA2

返回报文如下：（I_a=42.5A　I_b=43.1A　I_c=42.7A）

从机地址	功能码	字节数量	数据 Ia	数据 Ib	数据 Ic	CRC 校验
0x01	0x03	0x0C	0x422A0000	0x422C6666	0x422ACCCD	0x2950

6.2.5　低压电动机保护控制器

低压电动机用热继电器或保护控制器实现电动机的过负荷保护，防止电动机因电流过大造成绕组烧毁。PMC-550A 低压电动机保护控制器为低压交流电动机提供了一整套集控制、保护、测量、计量和通信于一体的专业化解决方案，其 RS-485 通信接口使用标准 MODBUS 规约，出厂默认通信地址为 1，默认通信参数为 9600，e，8，1，通信地址和通信参数可进入人机界面的菜单进行修改。

（1）端子说明

PMC-550A 保护控制器外形示意图见图 6-14，分保护控制器主体和显示模块两部分，保护控制器主体安装到配电柜内，显示模块则安装到配电柜盘面，两部分之间用类似于网线的控制线连接。保护控制器主体上排端子中 DO1～DO6 为 6 组继电器输出接点，VA、VB、VC 为电压输入端，下排端子中 L/+、N/- 为电源输入端，DIC 为开关量输入公共端，DI1～DI11 为 11 路开关量输入端，TC 端接热电阻测量温度用，P1、P2 为两路 RS-485 接线端，IA、IB、IC 和 IN 为三相电流输入端，I41、I42 为零序电流输入端。

（2）端子接线

PMC-550A 保护控制器 PLC 控制接线示意图见图 6-15，PLC 通过控制中间继电器接点间接给保护控制器输入启停命令，控制电动机的启动和停止，通过 RS-485 接口读取电压、电流和保护动作等信息，也可以通过 RS-485 接口进行启停和复位等操作。

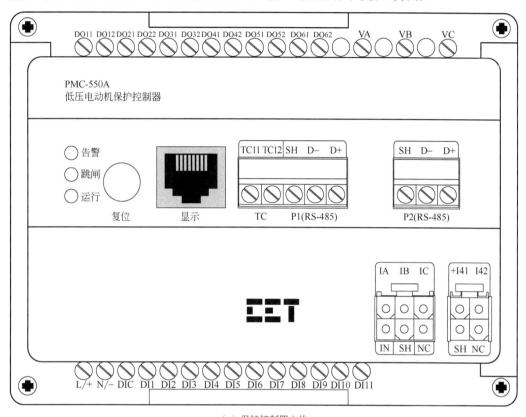

（a）保护控制器主体

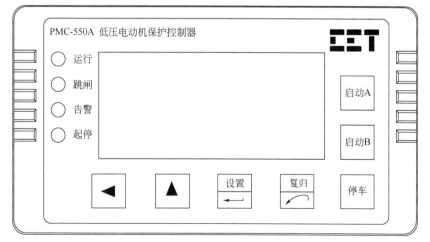

（b）显示模块

图 6-14　PMC-550A 保护控制器外形示意图

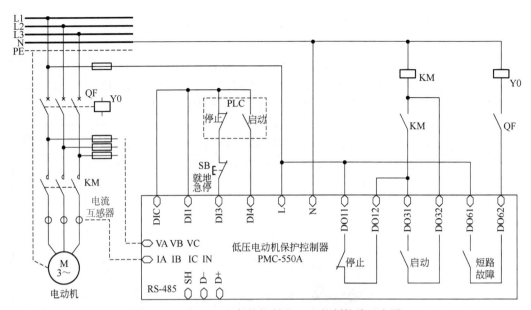

图 6-15   PMC-550A 保护控制器 PLC 控制接线示意图

（3）寄存器

PMC-550A 保护控制器常用寄存器见表 6-17，前 12 个寄存器代表电动机的运行状态，可以用功能码 0x03 读取，后 5 个寄存器用于遥控启停和故障复位，用功能码 0x05 向寄存器写入 0xFF00 执行操作，预置功能使能时先发送遥合预置命令再发送遥合执行命令，预置功能禁止时直接发送遥合执行命令。接点为脉冲输出，即遥合后会自动返回，输出脉冲时间可设置，默认 1s。

表 6-17   PMC-550A 保护控制器常用寄存器

序号	名称	地址	数据类型	说明
1	A 相电压	40000	UDINT	×100，V
2	B 相电压	40002	UDINT	×100，V
3	C 相电压	40004	UDINT	×100，V
4	A 相电流	40016	UDINT	×1000，A
5	B 相电流	40018	UDINT	×1000，A
6	C 相电流	40020	UDINT	×1000，A
7	功率因数	40057	INT	×1000
8	开入状态	40059	UINT	bit 0～10 分别表示 DI1～DI11 的状态
9	开出状态	40060	UINT	bit 0～5 分别表示 DO1～DO6 的状态
10	电动机状态	40097	UINT	0—停车；1—启动；2—运行；3—正转；4—反转
11	跳闸状态字	40106	UDINT	手动复归，复归前能查看跳闸原因
12	报警状态字	40108	UDINT	手动复归
13	DO1 遥合预置	60064	UINT	发送遥合执行前先发送遥合预置，确保不误动
14	DO1 遥合执行	60065	UINT	DO1 为常闭，遥合后接点断开 1s 后恢复接通
15	DO3 遥合预置	60072	UINT	发送遥合执行前先发送遥合预置
16	DO3 遥合执行	60073	UINT	DO3 为常开，遥合后接点接通 1s 后恢复断开
17	遥控复归	60129	UINT	复归故障后可重新启动，否则闭锁启动

（4）通信示例

① 读取电动机三相电流，发送报文如下：

从机地址	功能码	寄存器地址	寄存器点数	CRC 校验
0x01	0x03	0x9C50	0x0006	0xEB89

返回报文如下：

从机地址	功能码	字节数量	数据	CRC 校验
0x01	0x03	0x0C	0x4124CCCD4128000041266666	0x2F69

② 遥控启动，发送遥合预置报文如下：

从机地址	功能码	寄存器地址	写入数据	CRC 校验
0x01	0x05	0xEAA8	0xFF00	0x39C2

返回报文同发送报文，再发送遥合执行报文如下：

从机地址	功能码	寄存器地址	写入数据	CRC 校验
0x01	0x05	0xEAA9	0xFF00	0x6802

返回报文同发送报文，DO3 接点闭合 1s，然后返回。

6.2.6　RS-485 接口 I/O 模块

常见的 RS-485 接口 I/O 模块都支持 MODBUS 协议，PLC 与 RS-485 接口 I/O 模块通信一样能实现开关量和模拟量的采集和控制，与 PLC 扩展 I/O 单元相比，缺点是实时性差些，需要额外的编程才能实现，优点是能扩展了控制方案的多样性，降低控制系统成本。

（1）开关量模块

某公司的开关量模块 JF-12DI8DO-1-002 端子图见图 6-16，有 12 组开关量输入，8 组开关量输出，使用直流 24V 电源。RS-485 通信接口出厂默认通信参数：9600,n,8,1，通信地址为 1，使用厂家配套软件可修改通信参数和通信地址。开关量模块通信协议见表 6-18，用 02 功能码读取输入状态，读取 16 位，实际使用 12 位，用 05 功能码设定输出状态。

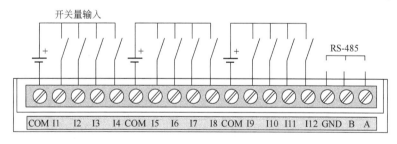
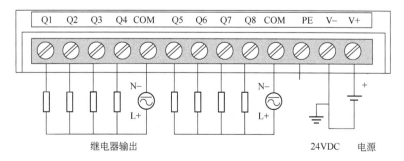

图 6-16　开关量模块 JF-12DI8DO-1-002 端子图

表 6-18 开关量模块通信协议

功能	发来信息		返回信息	
	数据	说明	数据	说明
读输入状态 02	0x01~0xFE	地址	0x01~0xFE	地址
	0x02	功能码	0x02	功能码
	0x00	起始地址	0x02	2 字节
	0x00		...	16 位数据
	0x00	16 路输入位	...	
	0x10		CRCL	校验码
	CRCL	校验码	CRCH	
	CRCH			
单路输出 05	0x01~0xFE	地址	发来信息直接返回	
	0x05	功能码		
	0x00	线圈地址 X		
	0x0X			
	0xFF/0x00	FF00 接点闭合		
	0x00	0000 接点断开		
	CRCL	校验码		
	CRCH			

（2）模拟量模块

模拟量模块 JF-10AI4AO-1-002 端子图见图 6-17，模拟量为直流 0~20mA 信号，有 10 组模拟量输入，4 组模拟量输出，RS-485 通信接口，使用直流 24V 电源。

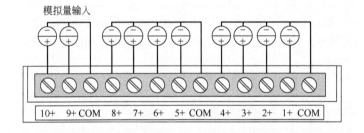

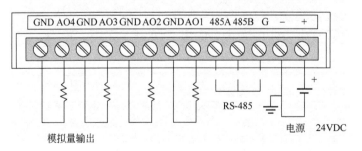

图 6-17　模拟量模块 JF-10AI4AO-1-002 端子图

模拟量模块通信协议见表 6-19，用 04 功能码读取模拟量输入寄存器，用 06 功能码写单个模拟量输出寄存器，模拟量模块 AD 转换精度为 12 位，直流 0~20mA 模拟量对应数值范围为 0~4095。

表 6-19　模拟量模块通信协议

功能	发来信息		返回信息	
	数据	说明	数据	说明
读模拟量 04	0x01~0x1F	地址	0x01~0x1F	地址
	0x04	功能码	0x04	功能码
	0x00	起始地址	0x14	20 字节
	0x00		…	10 个模拟量
	0x00	读 10 个模拟量	…	每个占 2 字节
	0x0A		CRCL	校验码
	CRCL	校验码	CRCH	
	CRCH			
单个模拟量输出 06	0x01~0xFE	地址	发来信息直接返回	
	0x06	功能码		
	0x00	模拟量输出地址 0~3		
	0x0X			
	0xXX	模拟量值		
	0xXX			
	CRCL	校验码		
	CRCH			

6.2.7　温度变送器

CWDZ11 插入型温度变送器支持 MODBUS 协议，默认通信参数为 9600,n,8,1，通信地址可更改，通信示例如下。

① 读取温度值，发送报文如下：

从机地址	功能码	寄存器地址	寄存器点数	CRC 校验
0x01	0x03	0x0000	0x0001	0x840A

返回报文如下：

从机地址	功能码	字节数量	数据	CRC 校验
0x01	0x03	0x02	0x02AC	0xB959

该传感器量程为 0~100℃，对应数据范围为 0~2000，0x02AC=684，则当前温度：t=100×684/2000=34.2℃

② 将通信地址由 1 改为 9，发送报文如下：

从机地址	功能码	寄存器地址	寄存器写入数值	CRC 校验
0x01	0x06	0x000F	0x0009	0x79CF

返回报文同发送报文，修改后无需重新上电即生效。

6.2.8　压力变送器

CYYZ11 经济型压力变送器支持 MODBUS 协议，默认通信参数为 9600,n,8,1，通信地址可更改，通信示例如下。

① 读取压力值，发送报文如下：

从机地址	功能码	寄存器地址	寄存器点数	CRC 校验
0x01	0x03	0x0000	0x0001	0x840A

返回报文如下：

从机地址	功能码	字节数量	数据	CRC 校验
0x01	0x03	0x02	0x02AC	0xB959

该传感器量程为 0～1.6MPa，对应数据范围为 0～2000，0x02AC=684，则当前压力：
$p=1.6×684/2000=0.5472$MPa

② 将通信地址由 1 改为 2，发送报文如下：

从机地址	功能码	寄存器地址	寄存器写入数值	CRC 校验
0x01	0x06	0x000F	0x0002	0x3808

返回报文同发送报文，修改后无需重新上电即生效。

6.3　欧姆龙 PLC 与变频器通信

6.3.1　英威腾 CHE100

CHE100 变频器端子板上的 485+对应的是 A，485-对应的是 B，RS-485 接口支持 MODBUS 的 RTU 模式和 ASCII 模式，功能码支持寄存器读 0x03 和单个寄存器写 0x06，从机地址范围为 1～247，0 为广播地址。

（1）参数设置

CHE100 变频器与通信有关参数见表 6-20，一般只更改前 3 个参数，其他参数保留默认值。如果用通信控制启停，P0.01 需设为 2，如果用通信控制频率，P0.03 需设为 6。

表 6-20　CHE100 变频器与通信有关参数

参数代码	名称	说明
PC.00	本机通信地址	默认为 1，设定范围为 1～247。
PC.01	通信波特率选择	默认为 4，0—1200；1—2400；2—4800；3—9600；4—19200；5—38400
PC.02	数据位校验设置	默认为 1，0—无校验（n，8，1）；1—偶校验（e，8，1）；2—奇校验（o，8，1）
PC.03	通信应答延时	默认 5ms，设定范围 0～200ms
PC.04	通信超时故障时间	默认 0ms，即该功能无效，设定范围 0.0～200.0s
PC.05	通信错误处理	默认为 1—不报警并继续运行，可选 0—报警并自由停车
P0.01	运行指令通道	默认为 0，0—键盘控制；1—端子控制；2—通信控制
P0.03	频率指令选择	默认为 0，0—键盘设定；1—模拟量 AI1 设定；2—模拟量 AI2 设定；3—模拟量 AI1+AI2 设定；4—多段速运行设定；5—PID 控制设定；6—远程通信设定

（2）寄存器

CHE100 变频器 MODBUS 寄存器见表 6-21，通过功能码 0x06 向通信控制命令寄存器写入指定数据控制变频器启停，向通信设定值寄存器写入数据控制变频器转速，通过功能码 0x03 读取运行参数和故障码。

表 6-21　CHE100 变频器 MODBUS 寄存器

名称	地址	说明
通信控制命令	0x1000	1—正转运行；2—反转运行；3—正转点动；4—反转点动；5—停机；6—自由停机；7—故障复位；8—点动停止
变频器状态	0x1001	1—正转运行；2—反转运行；3—待机；4—故障
通信设定值	0x2000	范围为-10000～10000 代表百分数-100.00%～100.00%
运行速度	0x3000	运行参数
设定速度	0x3001	
母线电压	0x3002	
输出电压	0x3003	
输出电流	0x3004	
运行转速	0x3005	
输出功率	0x3006	
输出转矩	0x3007	
PID 给定值	0x3008	
PID 反馈值	0x3009	
模拟量 A1 值	0x300C	
模拟量 A2 值	0x300D	
故障码	0x5000	0—无故障；1—U 相保护（OUT1）；2—V 相保护（OUT2）；3—W 相保护（OUT3）；4—加速过电流（OC1）；5—减速过电流（OC2）；6—恒速过电流（OC3）；7—加速过电压（OV1）；8—减速过电压（OV2）；9—恒速过电压（OV3）；10—母线欠压（UV）；11—电机过载（OL1）；12—变频器过载（OL2）；13—输入缺相（SPI）；14—输出缺相（SPO）；15—整流模块过热（OH1）；16—逆变模块过热（OH2）；17—外部故障（EF）；18—通信故障（CE）；19—电流检测故障（ITE）

（3）通信示例

① 控制变频器启动，发送报文如下：

从机地址	功能码	寄存器地址	寄存器数据	CRC 校验
0x01	0x06	0x1000	0x0001	0x4CCA

返回报文同发送报文。

② 设定变频器频率为 30Hz，对应数值为 10000x30/50=6000（0x1770），发送报文如下：

从机地址	功能码	寄存器地址	寄存器数据	CRC 校验
0x01	0x06	0x2000	0x1770	0x8C1E

返回报文同发送报文。

③ 读取变频器故障码，发送报文如下：

从机地址	功能码	寄存器地址	寄存器数量	CRC 校验
0x01	0x03	0x5000	0x0001	0x950A

返回报文如下：

从机地址	功能码	字节数量	数据	CRC 校验
0x01	0x03	0x02	0x0000	0xB844

（4）协议宏报文示例

根据通信示例编写 CHE100 变频器通信报文，见图 6-18，启停命令数据从 D100 读取，写入 1 变频器启动，写入 0 变频器停止，频率设置从 D102 读取，返回故障码保存在 D104。

（a）发送报文

（b）接收报文

图 6-18　CHE100 变频器通信报文

6.3.2　ABB ACS510

ACS510 变频器端子板上的 B 接总线 A，A 接总线 B，2 个 SCR 端子分别接不同通信电缆的屏蔽层。ACS510 变频器的 RS-485 接口仅支持 MODBUS 的 RTU 模式，通信功能除了能控制变频器启停和转速，还能控制变频器继电器输出状态和模拟量输出。

（1）参数设置

ACS510 变频器与通信有关参数见表 6-22，设置 9802 为 1 激活串行通信，修改通信地址后需要变频器重新上电后才生效。

表 6-22　ACS510 变频器与通信有关参数

参数代码	名称	说明
9802	通信协议选择	0—未选择；1—MODBUS；2—外部总线
5302	本机通信地址	默认为 1，设定范围为 1～255。
5303	通信波特率	默认为 9.6Kb/s，可选 1.2Kb/s、2.4Kb/s、4.8Kb/s、19.2Kb/s、38.4Kb/s
5304	校验设置	默认为 1，0—无校验（n，8，1）；1—无校验（n，8，2）；2—偶校验（e，8，1）；3—奇校验（o，8，1）
1001	外部 1 命令	值为 10 时，通信控制启停
1002	外部 2 命令	值为 10 时，通信控制启停
1003	方向	值为 3 时，通信控制方向
1102	外部 1/2 选择	值为 8 时，通过通信选择给定
1103	给定 1 选择	值为 8 时，输入给定 1 来自总线
1106	给定 2 选择	值为 8 时，输入给定 2 来自总线

（2）寄存器

ACS510 变频器 MODBUS 寄存器见表 6-23，通过功能码 0x06 向给定寄存器写入数据控制变频器转速，通过功能码 0x03 读取运行参数和故障码，通过功能码 0x04 读取模拟输入值。需要注意变频器用户手册给出的参考地址需要转化为寄存器地址，去掉第 1 位代表寄存器类型的数字，然后减 1 才是寄存器地址，不同类型寄存器地址用不同的功能码操作。

表 6-23　ACS510 变频器 MODBUS 寄存器

名称	参考地址	寄存器地址	说明
停止	00001	0x0000	MODBUS 线圈，用功能码 0x05 设置输出状态
启动	00002	0x0001	
继电器输出 1	00033	0x0020	
继电器输出 2	00034	0x0021	
继电器输出 3	00035	0x0022	
AI1	30001	0x0000	模拟输入值（0～100%），用功能码 0x04 读取
AI2	30002	0x0001	
给定 1	40002	0x0001	范围 0～20000，对应 0～100.00%，用功能码 0x06 设置
给定 2	40003	0x0002	范围 0～10000，对应 0～100.00%，用功能码 0x06 设置
实际值	40005～40012	0x0004～0x000B	这 8 个寄存器具体是频率、电流、故障码还是其他参数的值，可通过参数设定来确定，然后用功能码 0x03 读取

（3）通信示例

① 设给定 2 频率为 30Hz，对应数值为 10000×30/50=6000（0x1770），发送报文如下：

从机地址	功能码	寄存器地址	寄存器数据	CRC 校验
0x01	0x06	0x0001	0x1770	0xD61E

返回报文同发送报文。

② 读取变频器运行参数，发送报文如下：

从机地址	功能码	寄存器地址	寄存器数量	CRC 校验
0x01	0x03	0x0004	0x0008	0x05CD

返回报文格式如下：

从机地址	功能码	字节数量	数据	CRC 校验
0x01	0x03	0x10	16 字节数据	CRCL　CRCH

（4）协议宏报文示例

根据通信示例编写 ACS510 变频器通信报文，见图 6-19，频率设置从 D102 读取，返回变频器参数保存在从 D110 开始的 8 个字（16 字节）。

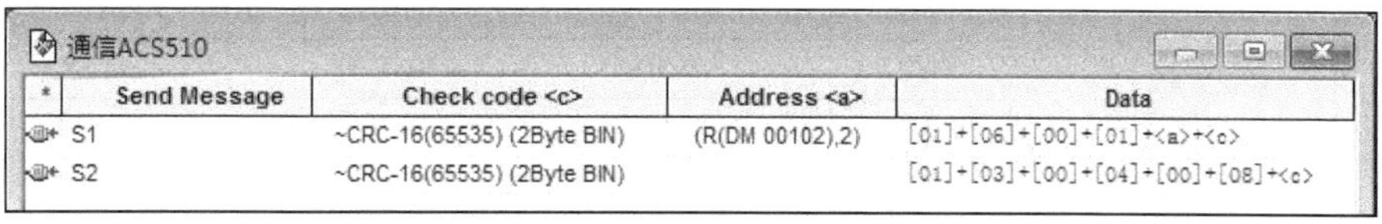

*	Send Message	Check code <c>	Address <a>	Data
S1		~CRC-16(65535) (2Byte BIN)	(R(DM 00102),2)	[01]+[06]+[00]+[01]+<a>+<c>
S2		~CRC-16(65535) (2Byte BIN)		[01]+[03]+[00]+[04]+[00]+[08]+<c>

（a）发送报文

图 6-19

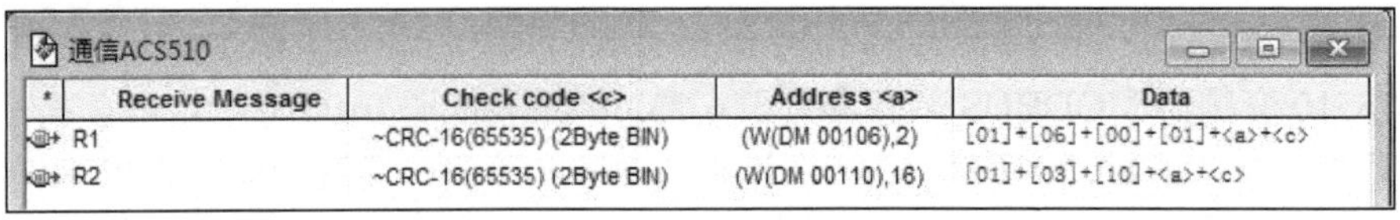

（b）接收报文

图 6-19 ACS510 变频器通信报文

6.3.3 西门子 MM440

MM440 变频器端子板上的 P+对应的是 A，N-对应的是 B，RS-485 接口支持西门子自有的 USS 协议，RS-485 总线上可以连接一个主站和最多 31 个从站。

（1）USS 协议

USS 报文结构见表 6-24，分 STX、LGE、ADR、PKW 区、PZD 区和 BCC 共 6 部分，各部分详细说明如下：

- STX——起始符固定为 0x02。
- LGE——报文长度为从 ADR 到 BCC 的字节数。
- ADR——变频器 USS 地址，占 1 字节，其中低 5 位为地址值，范围为 0～31，位 5 为广播位，该位为 1 时是广播报文，此时忽略地址值，位 6 表示镜像报文，从站将收到报文原样返回给主站。
- PKW 区——主机对变频器读写参数。任务 ID 为 0 时表示没任务，为 1 时读取参数，为 2 时修改单字参数，为 3 时修改双字参数。应答 ID 为 0 时表示不应答，为 1 时表示参数值为单字，没有参数值 PWE2，应答 ID 为 2 时表示参数值为双字。参数号即去掉参数代码前面字符后的数值，参数下标是参数数组号，一般取 0 组。参数值在读取时都设为 0，参数值返回时根据参数内容占 1 个字或 2 个字，由应答 ID 决定。
- PZD 区——主机对变频器运行控制，从机返回变频器运行状态。变频器控制字（STW）含义见表 6-25，变频器状态字（ZSW）含义见表 6-26。频率值为相对值=实际值 x16384/50。
- BCC——长度为 1 字节的校验和，用于检查该信息是否有效，它是报文中 BCC 前面所有字节异或运算的结果。

表 6-24　USS 报文结构

USS 协议框架		主机发送		变频器返回	
符号	说明	符号	说明	符号	说明
STX	起始符，0x02	STX	起始符，0x02	STX	起始符，0x02
LGE	报文长度	LGE	报文长度	LGE	报文长度
ADR	USS 地址	ADR	USS 地址	ADR	USS 地址
PKW	读写参数	PKE	任务 ID+参数号	PKE	应答 ID+参数号
		IND	参数下标	IND	参数下标
		PWE1	参数值	PWE1	参数值
		PWE2	参数值	PWE2	参数值
PZD	变频器控制变频器状态	STW	控制字	ZSW	状态字
		HSW	频率设定值	HIW	运行频率值
BCC	校验和	BCC	校验和	BCC	校验和

表 6-25　变频器控制字（STW）含义

位 00	On 斜坡上升/OFF1 斜坡下降	0 否	1 是
位 01	OFF2 按惯性自由停车	0 是	1 否
位 02	OFF3 快速停车	0 是	1 否
位 03	脉冲使能	0 否	1 是
位 04	斜坡函数发生器 RFG 使能	0 否	1 是
位 05	RFG 开始	0 否	1 是
位 06	设定值使能	0 否	1 是
位 07	故障确认	0 否	1 是
位 08	正向点动	0 否	1 是
位 09	反向点动	0 否	1 是
位 10	由 PLC 进行控制	0 否	1 是
位 11	设定值反向	0 否	1 是
位 12	未使用	—	—
位 13	用电动电位计 MOP 升速	0 否	1 是
位 14	用 MOP 降速	0 否	1 是
位 15	本机/远程控制	0P0719 下标 0	1P0719 下标 1

表 6-26　变频器状态字（ZSW）含义

位 00	变频器准备	0 否	1 是
位 01	变频器运行准备就绪	0 否	1 是
位 02	变频器正在运行	0 否	1 是
位 03	变频器故障	0 是	1 否
位 04	OFF2 命令激活	0 是	1 否
位 05	OFF3 命令集活	0 是	1 否
位 06	禁止 on 接通 命令	0 否	1 是
位 07	变频器报警	0 否	1 是
位 08	设定值/实际值偏差过大	0 是	1 否
位 09	PZDl 过程数据 控制	0 否	1 是
位 10	已达到最大频率	0 否	1 是
位 11	电动机电流极限报警	0 否	1 否
位 12	电动机抱闸制动投入	0 是	1 否
位 13	电动机过载	0 是	1 否
位 14	电动机正向运行	0 否	1 是
位 15	变频器过载	0 是	1 否

（2）参数设置

MM440 变频器与通信有关参数见表 6-27，默认通信参数为：9600，e，8，1，通信地址为 0，如果需要通信控制变频需要更改 P0700 和 P1000 的参数。

表 6-27　MM440 变频器与通信有关参数

参数代码	名称	说明
P2010	USS 波特率	默认为 6，表示波特率为 9600bps
P2011	USS 结点地址	默认为 0，范围 0～31
P0700	启停控制模式	默认为 2，由端子控制，改为 5 时由通信控制
P1000	频率控制模式	默认为 2，由模拟量输入控制，改为 5 时由通信控制
r0068	输出电流	参数代码前的"r"表示该参数只读，读出数值为单精度浮点数
r0947	最新的故障码	显示故障码为"FXXX"，读出的故障码为去掉 F 的数字值

（3）通信示例

① 控制变频器启动，频率设为 30Hz，先发送停止报文如下：

STX	LGE	ADR	PKE	IND	PWE1	PWE2	STW	HSW	BCC
0x02	0x0E	0x00	0x1044	0x0000	0x0000	0x0000	0x047E	0x2666	0x62

返回报文如下：

STX	LGE	ADR	PKE	IND	PWE1	PWE2	ZSW	HIW	BCC
0x02	0x0E	0x00	0x2044	0x0000	0x31F2	0x1666	0xFA31	0x0000	0x10

发送报文中 PKE 任务 ID 为 1，表示读取参数，参数号 0x44=68 表示要读取输出电流，STW 为 0x047E 表示停止，设定频率为 50×0x2666/0x4000=30Hz。返回报文中 ZSW 为 0xFA31 表示可以启动报文，否则继续发送停止报文。

② 发送启动报文如下：

STX	LGE	ADR	PKE	IND	PWE1	PWE2	STW	HSW	BCC
0x02	0x0E	0x00	0x1044	0x0000	0x0000	0x0000	0x047F	0x2666	0x63

返回报文如下：

STX	LGE	ADR	PKE	IND	PWE1	PWE2	ZSW	HIW	BCC
0x02	0x0E	0x00	0x2044	0x0000	0x41AC	0x899A	0xFA31	0x0000	0x5D

发送报文中 STW 为 0x047F 表示启动，设定频率为 50×0x2666/0x4000=30Hz。返回报文中电流值为 0x41AC899A=21.6A，变频器从 0Hz 启动，返回的频率值为 0，等变频器启动完成后该频率值应接近设定值 0x2666。

③ 发送读取故障码报文如下：

STX	LGE	ADR	PKE	IND	PWE1	PWE2	STW	HSW	BCC
0x02	0x0E	0x00	0x13B3	0x0000	0x0000	0x0000	0x0000	0x0000	0xAC

返回报文如下：

STX	LGE	ADR	PKE	IND	PWE1	ZSW	HIW	BCC
0x02	0x0C	0x00	0x13B3	0x0000	0x0000	0xFBB4	0x1333	0xC1

发送报文中 STW 为 0x0000 表示本报文不控制变频，PKE 中参数号为 0x3B3=947，表

示要读取最新故障码。返回报文中 PKE 中应答 ID 为 1，表示 PWE 占 1 字，故障码为 0 代表当前无故障，变频器当前频率值为 50×0x1333/0x4000=15Hz。

（4）协议宏报文示例

从协议宏的角度看 USS 协议与 MODBUS 协议主要不同之处是校验码不同，MODBUS 协议使用 CRC 校验，而 USS 协议使用的是 LRC 校验。USS 协议报文编辑示例见图 6-20，以停止报文编辑为例，前 13 字节是固定值，HSW 是变量值，用<a>编辑，地址为 D100，变量是频率设定值，BCC 是校验值，用<c>编辑，校验类型选择 LRC 校验，数据类型选择 BIN。

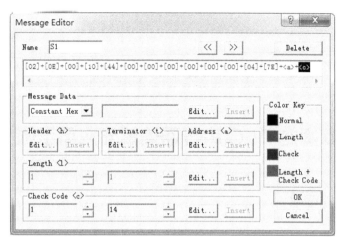

（a）报文编辑

（b）变量编辑

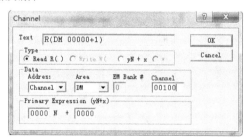

（c）变量地址

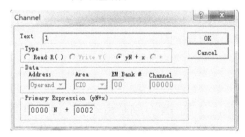

（d）变量字节数

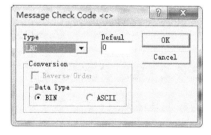

（e）校验编辑

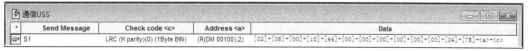

（f）编辑完成的报文

图 6-20　USS 协议报文编辑示例

将协议宏传输到 PLC，编写代码调用协议宏进行测试，将 D100 设为 0x2666，用串口调试工具监测串口输出数据，USS 协议报文测试截图见图 6-21，接收到的报文与通信示例中停止报文一致，说明报文的变量编辑和校验编辑是正确的。

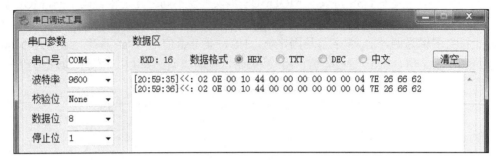

图 6-21　USS 协议报文测试截图

6.4 欧姆龙 PLC 串行通信单元应用示例

6.4.1　控制要求

某项目中有 3 个不同功率齿轮泵分别输送不同液体，控制方式都一样，要求按设定流量对外供液，本示例以其中 7.5kW 齿轮泵为例，恒流量供液工艺流程示意图见图 6-22，齿轮泵的后面有压力传感器、流量计和电动阀，用变频调节齿轮泵转速进而调节液体流量。

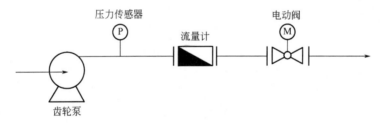

图 6-22　恒流量供液工艺流程示意图

6.4.2　电路设计

电路原理图见图 6-23，电气主回路设主开关，分支回路分别是齿轮泵、控制电源和电动阀电源，PLC 硬件包括 PLC 电源、CPU、串行通信单元和触摸屏，24V 电源除了给触摸屏供电，还给压力传感器和流量计供电，控制回路模拟量输入、数字量输入输出没有按常规设计接入 PLC 的相应单元，直接接入了变频器控制回路，PLC 通过串行单元端口 1 和变频器通信，间接采集模拟量输入和数字量输入，间接控制电动阀开关，与流量计通信采集流量和累积量数据。

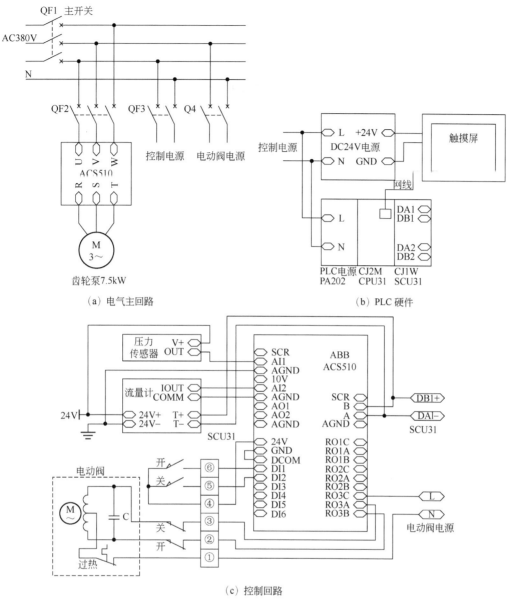

（a）电气主回路

（b）PLC 硬件

（c）控制回路

图 6-23　电路原理图

6.4.3　PLC 程序设计

（1）系统控制

　　系统中只有变频器和出口电动阀需要控制，手动控制时变频器切换到本地控制用面板控制启停和调节速度，电动阀需要断开电源，手动开关阀门，自动控制时在触摸屏用按钮控制系统启动和停止，修改流量给定变频 PID 控制参数。

　　离心泵一般是启动后打开出口阀门，如果先打开出口阀门，则属于带载启动，启动时间偏长，齿轮泵与离心泵不同，需要先打开出口电动阀，否则会造成憋压，可能造成管线密封点泄漏。系统启动后先打开出口阀，出口阀开到位接点通过 DI1 启动变频器，流量的 PID 调节由变频器实现，PLC 通过通信设定 PID 目标值。系统停止时关闭出口阀，阀门动作后停止变频器，随着阀门关闭变频器也停了下来。

恒流量供液装置寄存器见表 6-28，其中流量计和变频器返回数据地址是起始地址，返回数据占多个寄存器。

表 6-28 恒流量供液装置寄存器

序号	地址	符号	数据类型	说明
1	D100	AD00	UINT	系统起停控制：0—停止；1—启动
2	D102	AD01	REAL	设定流量，单位 m^3/min
3	D104	AD02	UINT	变频器频率，0.1Hz
4	D105	AD03	UINT	变频器电流，0.1A
5	D106	AD04	UINT	变频器故障码
6	D107	AD05	UINT	电动阀状态位
7	D108	AD06	REAL	出口压力，单位 MPa
8	D110	AD07	REAL	实际流量，单位 m^3/min
9	D112	AD08	DINT	累积量实时值，单位 m^3
10	D114	AD09	DINT	本次累积量底数，单位 m^3
11	D116	AD10	DINT	本次供液量，单位 m^3
12	D200			流量计通信返回数据起始地址
13	D220			变频器通信返回数据起始地址
14	D230			运行指令
15	D240			PID 给定值

（2）协议宏编程

流量计通信地址设为 1，变频器通信地址设为 2，通信参数均为 9600，n，8，1。协议宏编程示意图见图 6-24，先编辑发送报文，再编辑接收报文，最后编辑通信序列，通信序列有 4 步。

- step 00：读取流量计数据，主要取瞬时流量和累计流量；
- step 01：读取变频器数据，主要取变频器运行状态、运行频率、运行电流、模拟量输入和数字量输入；
- step 02：写变频器继电器输出 3 控制寄存器，控制系统启停操作；
- step 03：写变频器给定 1 寄存器，即 PID 给定值，控制流量。

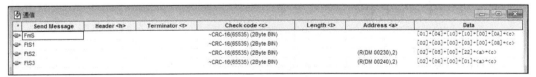

（a）发送报文

（b）接收报文

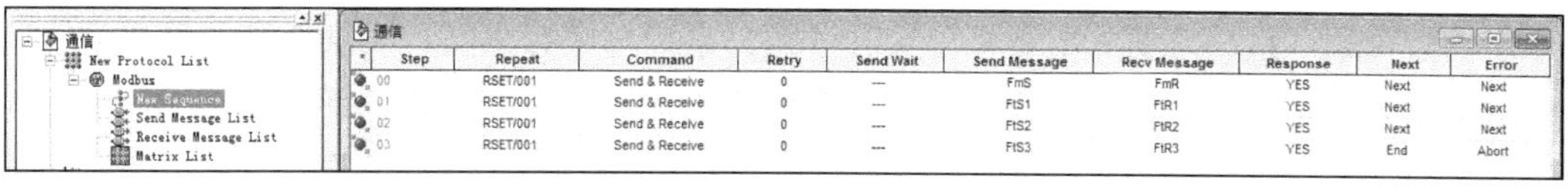

(c) 通信序列

图 6-24 协议宏编程示意图

(3) 变频器参数设置

变频器使用 ABB 公司的 ACS510，恒流量供液变频器参数设置见表 6-29，设置内容包括启停控制方式、频率控制方式、通信参数和 PID 参数，PID 参数可以使用初始值，根据实际测试进行调整。

表 6-29 恒流量供液变频器参数设置

参数代码	名称	设置说明
9802	通信协议选择	默认为 0 表示未选择，改为 1 使用 MODBUS 通信协议
5302	本机通信地址	默认为 1，设定为 2
5303	通信波特率	默认为 9.6Kbps 不用改
5304	校验设置	默认为 1—无校验（n,8,2），改为 0—无校验（n,8,1）
1001	外部 1 命令	默认为 2 不用改，用 DI1 控制启停
1102	外部 1/2 选择	默认为 0，选择外部控制 1，改为 7，选择外部控制 2
1106	给定 2 选择	默认为 2，给定来自 AI2，改为 19，PID 控制转速
1301	AI1 低限	设为 20%，表示输入信号为 4～20mA
1304	AI2 低限	设为 20%，表示输入信号为 4～20mA
1403	继电器输出 3	默认为 3，故障指示，改为 35，总线通信控制继电器动作
4001	PID 增益	默认值 2.5，根据测试情况进行调整
4002	PID 积分时间	默认值 3s，根据测试情况进行调整
4003	PID 微分时间	默认值 0s，关闭微分调节
4005	偏差值取反	选择默认值 0，不取反，反馈信号减小时，电动机转速上升
4010	给定值选择	选择 8，现场总线作为给定
4014	反馈值选择	默认选择 1，选择实际值 ACT1 为反馈信号
4016	ACT1 输入选择	选择默认值 2，ACT1 信号源为 AI1
5302	站点号	通信地址设为 2
5303	波特率	默认值为 9600bps
5304	校验	无校验，1 个停止位
5310	EFB 参数 10	映射到 MODBUS 寄存器 40005 上的参数，设为 103，代表频率
5311	EFB 参数 11	映射到 MODBUS 寄存器 40006 上的参数，设为 104，代表电流
5312	EFB 参数 12	映射到 MODBUS 寄存器 40007 上的参数，设为 118，代表 DI1-3 状态
5313	EFB 参数 13	映射到 MODBUS 寄存器 40008 上的参数，设为 120，代表 AI1
5314	EFB 参数 14	映射到 MODBUS 寄存器 40009 上的参数，设为 121，代表 AI2
5315	EFB 参数 15	映射到 MODBUS 寄存器 40010 上的参数，设为 122，代表输出继电器状态
5316	EFB 参数 16	映射到 MODBUS 寄存器 40011 上的参数，设为 401，代表故障码

(4) PLC 程序

恒流量供液 PLC 程序见图 6-25，程序较简单，只有 1 段 3 条。第 1 条在系统启动时保存累积量底数，系统启动后用累积量实时值减去累积量底数得到本次供液量。第 2 条给运行指令和 PID 给定值赋值，向继电器输出 3 对应的控制寄存器写入 0xFF00，继电器吸合，写入 0x0000，继电器释放，PID 给定值为：10000×设定流量/流量计量程，示例中流量计量程为 1.5m³/min。第 3 条每秒调用 1 次协议宏指令，分别和流量计、变频器通信，读取流量计的瞬时流量和累积流量值，这 2 个数据各占 2 个字，欧姆龙 CJ2M CPU31 的数据格式为高位字在后，读取的数据要前后 2 个字交换，ACS51 变频器的前 7 个实际值寄存器通过参数设定，依次代表频率、电流、输入状态、AI1、AI2、输出状态和故障码，其中 AI2 接的是出口压力传感器，其量程为 1MPa，出口压力值为：读取值/1000。

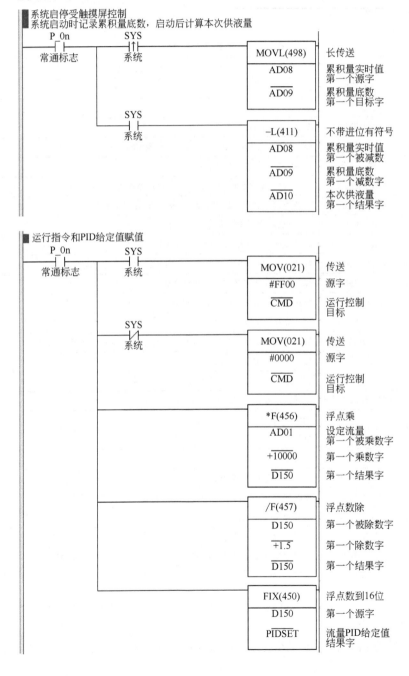

协议宏通信及通信数据处理程序
每秒调用1次协议宏，读取数量计数据，读取变频器数据，
控制变频器输出电器3动作，写入流量控制的PID给定值

```
P_1s          A202.01
 ↑├┤            ┤ ├                      ┌─────────────┐
1.0s时钟脉冲位                            │  PMCR(260)  │   协议宏
                                         ├─────────────┤
                                         │    #1111    │   控制字1
                                         ├─────────────┤
                                         │     #0      │   控制字2
                                         ├─────────────┤
                                         │     #0      │   第一个发送字
                                         ├─────────────┤
                                         │     #0      │   第一个接收字
                                         └─────────────┘

                                         ┌─────────────┐
                                         │  MOV(021)   │   传送
                                         ├─────────────┤
                                         │    D200     │   源字
                                         ├─────────────┤
                                         │    TMP2     │   字交换临时量2
                                         │             │   目标
                                         └─────────────┘

                                         ┌─────────────┐
                                         │  MOV(021)   │   传送
                                         ├─────────────┤
                                         │    D201     │   源字
                                         ├─────────────┤
                                         │    TMP1     │   字交换临时量1
                                         │             │   目标
                                         └─────────────┘

                                         ┌─────────────┐
                                         │  MOVL(498)  │   长传送
                                         ├─────────────┤
                                         │    TMP1     │   字交换临时量1
                                         │             │   第一个源字
                                         ├─────────────┤
                                         │    AD07     │   实际流量
                                         │             │   第一个目标字
                                         └─────────────┘

                                         ┌─────────────┐
                                         │  MOV(021)   │   传送
                                         ├─────────────┤
                                         │    D208     │   源字
                                         ├─────────────┤
                                         │    TMP2     │   字交换临时量2
                                         │             │   目标
                                         └─────────────┘

                                         ┌─────────────┐
                                         │  MOV(021)   │   传送
                                         ├─────────────┤
                                         │    D209     │   源字
                                         ├─────────────┤
                                         │    TMP1     │   字交换临时量1
                                         │             │   目标
                                         └─────────────┘

                                         ┌─────────────┐
                                         │  MOVL(498)  │   长传送
                                         ├─────────────┤
                                         │    TMP1     │   字交换临时量1
                                         │             │   第一个源字
                                         ├─────────────┤
                                         │    AD08     │   累积量实时值
                                         │             │   第一个目标字
                                         └─────────────┘

                                         ┌─────────────┐
                                         │  MOV(021)   │   传送
                                         ├─────────────┤
                                         │    D221     │   源字
                                         ├─────────────┤
                                         │    AD02     │   变频器频率
                                         │             │   目标
                                         └─────────────┘

                                         ┌─────────────┐
                                         │  MOV(021)   │   传送
                                         ├─────────────┤
                                         │    D222     │   源字
                                         ├─────────────┤
                                         │    AD03     │   变频器电流
                                         │             │   目标
                                         └─────────────┘

                                         ┌─────────────┐
                                         │  MOV(021)   │   传送
                                         ├─────────────┤
                                         │    D223     │   源字
                                         ├─────────────┤
                                         │    AD05     │   电动阀状态
                                         │             │   目标
                                         └─────────────┘
```

图 6-25

第 6 章 欧姆龙 PLC 串行通信单元应用

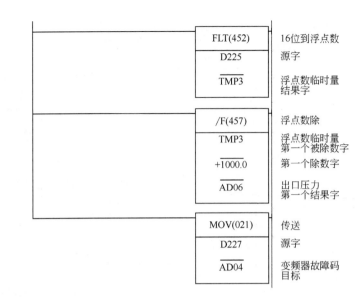

FLT(452)	16位到浮点数
D225	源字
$\overline{TMP3}$	浮点数临时量 结果字

/F(457)	浮点数除
TMP3	浮点数临时量 第一个被除数字
+1000.0	第一个除数字
$\overline{AD06}$	出口压力 第一个结果字

MOV(021)	传送
D227	源字
$\overline{AD04}$	变频器故障码 目标

图 6-25　恒流量供液 PLC 程序

6.4.4　触摸屏程序设计

触摸屏和 PLC 的通信方式为以太网，分别设置触摸屏和主机的以太网参数，将 PLC 程序符号表拖入触摸屏变量表，建立触摸屏的变量表，然后设计屏幕，恒流量供液触摸屏界面见图 6-26，将界面中的功能对象与变量关联，显示变频器、压力和流量计参数。单击"系统"按钮，系统启动，再次单击"系统"按钮，系统停止，可随时修改设定流量值。

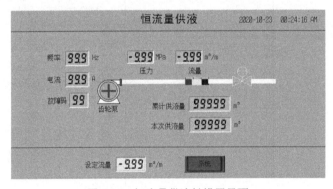

图 6-26　恒流量供液触摸屏界面

第 7 章

欧姆龙 PLC 与上位机串口通信

PLC 通常与触摸屏配合使用，触摸屏组态时选择串口或网络接口与 PLC 通信，具体通信过程无需编程，由触摸屏内部程序实现。欧姆龙 PLC 与上位机配合使用时，需要上位机通过 HOSTLINK 协议或 MODBUS 协议与 PLC 进行通信，读写 PLC 内部寄存器来实现上位机监控。欧姆龙 PLC 的串口接上物联网模块，上位机还可以通过物联网实现远程监控。

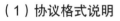

7.1 上位机通过串口监控欧姆龙 PLC 示例

7.1.1 串行通信选件板 HOSTLINK 协议

（1）协议格式说明

HOSTLINK 协议是欧姆龙 PLC 与上位机链接的公开协议，HOSTLINK 协议有两种模式：C-mode 和 FINS，其中 C-mode 模式使用 ACSII 码，适用范围较广。上位机通过 HOSTLINK 命令可以对 PLC 进行 I/O 读写、改变操作模式、强制置位、复位等操作，建立监控界面。

HOSTLINK 报文结构见表 7-1，由起始符、节点号、命令符、数据区、校验码和结束符组成，其中起始符为 "@"，节点号一般为 "00"，命令符功能见表 7-2，表中★代表该命令符在该 PLC 工作模式下有效，☆代表无效，校验采用 FCS 校验，将校验码之前数据的二进制值进行异或运算获得校验码，结束符为 "*" 再加上回车符 "\r"。

表 7-1　HOSTLINK 报文结构

报文组成	起始符	节点号	命令符	数据区	校验码	结束符
说明	固定为@	一般为00	见表6-30	ACSII 码数据	FCS	*\r

表 7-2　命令符功能说明

命令符	PLC 工作模式			说明
	运行	监视	编程	
RR	★	★	★	读输入/输出内部辅助/特殊辅助继电器区
RL	★	★	★	读链接继电器（LR）区
RH	★	★	★	读保持继电器（HR）区
RC	★	★	★	读定时器/计数器当前值区
RG	★	★	★	读定时器/计数器
RD	★	★	★	读数据内存（DM）区
RJ	★	★	★	读辅助记忆继电器（AR）区
WR	☆	★	★	写输入/输出内部辅助/特殊辅助继电器区
WL	☆	★	★	写链接继电器（LR）区
WH	☆	★	★	写保持继电器（HR）区
WC	☆	★	★	写定时器/计数器当前值区
WG	☆	★	★	写定时器/计数器
WD	☆	★	★	写数据内存（DM）区
WJ	☆	★	★	写辅助记忆继电器（AR）区
R#	★	★	★	设定值读出 1
R$	★	★	★	设定值读出 2
W#	☆	★	★	设定值写入 1
W$	☆	★	★	设定值写入 2
MS	★	★	★	读状态
SC	★	★	★	写状态
MF	★	★	★	读故障信息
KS	☆	★	★	强制置位
KR	☆	★	★	强制复位
FK	☆	★	★	多点强制置位/复位
KC	☆	★	★	解除强制置位/复位
MM	★	★	★	读机器码
TS	★	★	★	测试
RP	★	★	★	读程序
WP	☆	☆	★	写程序
QQ	★	★	★	复合命令
XZ	★	★	★	放弃（仅命令）
**	★	★	★	初始化（仅命令）

　　由表 7-2 可以看出，上位机读取 PLC 数据没有工作模式限制，写入数据则需要在监视模式下才能实现。上位机与 PLC 通信 HOSTLINK 报文示例见表 7-3，其中响应帧报文数据区包含有状态符，状态符含义说明见表 7-4。

表 7-3　上位机与 PLC 通信 HOSTLINK 报文示例

功能	命令帧		响应帧	
	数据	说明	数据	说明
读从 D100 开始的18 个寄存器	@	起始符	@	起始符
	00	节点号	00	节点号
	RD	命令符	RD	命令符
	0100	起始地址	00	状态符
	0018	数据长度	XX……XX	72 字节数据
	FCS	校验码	FCS	校验码
	*\r	结束符	*\r	结束符
写从 D100 开始 4 个寄存器	@	起始符	@	起始符
	00	节点号	00	节点号
	WD	命令符	WD	命令符
	0100	起始地址	00	状态符
	XX……XX	16 字节数据	FCS	校验码
	FCS	校验码	*\r	结束符
	*\r	结束符		
进入监视模式	@	起始符	@	起始符
	00	节点号	00	节点号
	SC	命令符	SC	命令符
	02	监视模式	00	状态符
	52	FCS 校验码	50	FCS 校验码
	*\r	结束符	*\r	结束符
进入运行模式	@	起始符	@	起始符
	00	节点号	00	节点号
	SC	命令符	SC	命令符
	03	运行模式	00	状态符
	53	FCS 校验码	50	FCS 校验码
	*\r	结束符	*\r	结束符

表 7-4　状态符含义说明

状态符	说明	状态符	说明
00	正常完成	18	帧长度错误
01	PLC 在运行方式下不能执行	19	不可执行
02	PLC 在监视方式下不能执行	20	不能识别远程 I/O 单元
04	地址超出区域	23	用户存储区写保护
0B	编程模式下不能执行命令	A3	FCS 错误终止
13	FCS 校验错误	A4	格式错误终止
14	格式错误	A5	地址错误终止
15	地址数据错误	A8	帧长度错误终止
16	命令不支持		

（2）PLC 接线与参数设定

PLC 扩展槽安装串行通信板，串行通信板的 DIP 开关 2 和 3 均打到 ON 位置，采用 2

线接线方式，上位机用 RS-232 转 RS-485 装置或用 USB 转 RS-485 装置，将 RS-485 的 A 接到串行通信板端子 RDB+，B 接到串行通信板端子 RDA-。

PLC 串口参数设定界面见图 7-1，默认模式就是 Host Link，通信设置改为：定制，波特率 9600，格式 8，1，N，然后在"选项"菜单里单击"传送到 PLC"，完成设定，PLC 程序关于串口通信部分无需编程。

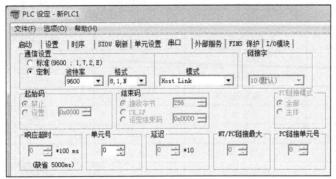

图 7-1   PLC 串口参数设定界面

（3）上位机软件编程

以第 6 章 6.4 中"通信单元应用示例"项目为例，不使用触摸屏，改用上位机监控，监控软件用 VB.NET 编写。

① 软件界面   上位机软件界面见图 7-2，用标签控件显示变频器运行参数、出口压力和流量，用文本输入控件输入设定流量，用按钮控件控制启停。

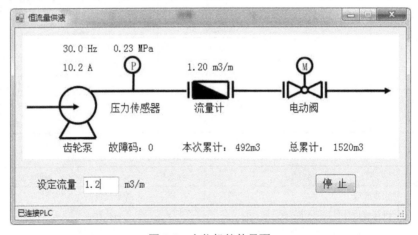

图 7-2   上位机软件界面

② 上位机程序代码   程序运行后尝试依次打开各个串口，发送进入监视模式报文，如未收到响应报文则关闭该串口，如收到响应报文，说明该串口已和 PLC 建立通信连接，开始定时发送读取寄存器报文，读取参数后显示到程序界面，当有启停操作或更改流量设定后发送写寄存器报文，具体程序代码如下：

```
Option Explicit On                '显式声明
Imports System.Threading          '使用 Thread 所引用的命名空间
Public Class Form1
```

```vb
Dim strTXD As String                '发送
Dim Sta As String                    '连接状态显示
Dim Link As Boolean                  '已连接
Dim WR As Boolean                    '写使能
Dim Set0 As Int16                    '系统启停设定
Dim Set1 As Single                   '设定流量值
Dim Dat0 As Int16                    '系统启停返回值
Dim Dat1 As Single                   '设定流量返回值
Dim Dat2 As Single                   '变频器频率
Dim Dat3 As Single                   '变频器电流
Dim Dat4 As Int16                    '变频器故障码
Dim Dat5 As Int16                    '电动阀状态位
Dim Dat6 As Single                   '出口压力
Dim Dat7 As Single                   '实际流量
Dim Dat8 As ULong                    '累积量实时值
Dim Dat9 As ULong                    '累积量底数
Dim Dat10 As ULong                   '本次供液量
'串口搜索
Private Sub ScanCom()
    For Each portName As String In My.Computer.Ports.SerialPortNames
        Try    '逐个打开端口，发送 Hostlink 报文，有回应则搜索到 PLC
            SerialPort1.PortName = portName              '设定端口
            SerialPort1.Open()                           '打开端口
            strTXD = "@00SC02"
            strTXD = strTXD + FcsVB(strTXD) + "*" + vbCr  '组织发送报文
            SerialPort1.Write(strTXD)                    '发送
            Thread.Sleep(200)                            '延时
            If Link Then
                Sta = "已连接 PLC"
                Exit Sub                                 '已搜索到 PLC，退出搜索程序
            End If
            SerialPort1.Close()
        Catch ex As Exception
            'MsgBox("可用串口检查" & portName)
        End Try
    Next
End Sub
'串口中断接收
Private Sub SerialPort1_DataReceived(ByVal sender As Object, ByVal e As
System.IO.Ports.SerialDataReceivedEventArgs) Handles SerialPort1.DataReceived
    Dim m As Integer                 '接收字符数量
    Dim n As Integer                 '字符串位置
    Dim s As String                  '字符串
    Dim rbuf(100) As Byte            '接收缓冲区
    Dim hbuf(35) As Byte             'HEX 缓冲区
    Thread.Sleep(100)                '收到 1 字节数据进入中断，延时接收整个报文
    m = SerialPort1.BytesToRead      '读缓冲区数据量
    If m > 1 Then
        s = ""
        For i = 0 To m - 1
            rbuf(i) = SerialPort1.ReadByte
```

第 7 章　欧姆龙 PLC 与上位机串口通信

```
                        s = s + Chr(rbuf(i))
               Next i
               If rbuf(0) = Asc("@") Then
                   Link = True                  '收到特征字符，已和 PLC 建立通信连接
                   n = InStr(s, "WD00")
                   If n > 0 Then WR = False
                   n = InStr(s, "RD00")
                   If n > 0 Then
                       For i = 0 To 35      'ASCII 转 HEX
                           s = Chr(rbuf(2 * i + 7)) + Chr(rbuf(2 * i + 8))
                           hbuf(i) = CByte("&H" + s)
                       Next i
                       Dat0 = 256 * hbuf(0) + hbuf(1)
                       Dat2 = (256 * hbuf(8) + hbuf(9)) / 10     '转换数据
                       Dat3 = (256 * hbuf(10) + hbuf(11)) / 10
                       Dat4 = 256 * hbuf(12) + hbuf(13)
                       Dat5 = 256 * hbuf(14) + hbuf(15)
                       rbuf(0) = hbuf(17)          '数据大小端交换
                       hbuf(17) = hbuf(16)
                       hbuf(16) = rbuf(0)
                       rbuf(0) = hbuf(19)
                       hbuf(19) = hbuf(18)
                       hbuf(18) = rbuf(0)
                       Dat6 = BitConverter.ToSingle(hbuf, 16)   '转换为浮点数
                       rbuf(0) = hbuf(21)
                       hbuf(21) = hbuf(20)
                       hbuf(20) = rbuf(0)
                       rbuf(0) = hbuf(23)
                       hbuf(23) = hbuf(22)
                       hbuf(22) = rbuf(0)
                       Dat7 = BitConverter.ToSingle(hbuf, 20)
                       Dat8 = 256 * 256 * 256 * CLng(hbuf(26)) + 256 * 256 * CLng
(hbuf(27)) + 256 * CLng(hbuf(24)) + CLng(hbuf(25))
                       Dat10 = 256 * 256 * 256 * CLng(hbuf(34)) + 256 * 256 *
CLng(hbuf(35)) + 256 * CLng(hbuf(32)) + CLng(hbuf(33))
                   End If
               End If
           End If
       End Sub
       'FCS 校验函数：Cmd-待校验字符串，返回校验结果字符串
       Function FcsVB(ByVal Cmd As String) As String
           Dim i As Integer      '循环量
           Dim n As Integer      '字符串长度
           Dim FcsDat As Byte    '校验值
           n = Cmd.Length
           FcsDat = Asc(Cmd.Chars(0)) '第 1 个字符
           For i = 1 To n - 1
               FcsDat = FcsDat Xor Asc(Cmd.Chars(i))    '逐个字符异或计算
           Next i
           FcsVB = Hex(FcsDat)  '计算结果转为字符串
       End Function
       '程序初始化
       Private Sub Form1_Load(sender As Object, e As EventArgs) Handles Me.Load
           Sta = "准备连接 PLC"
```

```vb
            Link = False
            ToolStripStatusLabel1.Text = Sta
        End Sub
        '1s 定时
        Private Sub Timer1_Tick(sender As Object, e As EventArgs) Handles Timer1.Tick
            Dim f(3) As Byte
            If Link Then
                Set1 = CSng(TextBox1.Text.ToString) '流量设定
                If WR Then
                    strTXD = "@00WD0100"      '写入控制数据
                    If Set0 = 0 Then
                        strTXD = strTXD + "00000000"
                    Else
                        strTXD = strTXD + "00010000"
                    End If
                    f = BitConverter.GetBytes(Set1) '浮点数转字节
                    strTXD = strTXD + IIf(f(1) > 15, Hex(f(1)), "0" + Hex(f(1))) +
IIf(f(0) > 15, Hex(f(0)), "0" + Hex(f(0))) + IIf(f(3) > 15, Hex(f(3)), "0" + Hex(f(3))) +
IIf(f(2) > 15, Hex(f(2)), "0" + Hex(f(2)))
                Else
                    strTXD = "@00RD01000018"      '读取数据
                End If
                strTXD = strTXD + FcsVB(strTXD) + "*" + vbCr '组织发送报文
                SerialPort1.Write(strTXD)              '发送
            Else
                ScanCom()   '未连接 PLC 时扫描是否接入 PLC
            End If
            ToolStripStatusLabel1.Text = Sta  '显示连接状态
            Label5.Text = Format(Dat2, "0.0") + " Hz"
            Label6.Text = Format(Dat3, "0.0") + " A"
            Label7.Text = "故障码: " + Dat4.ToString
            Label8.Text = Format(Dat6, "0.00") + " MPa"
            Label10.Text = Format(Dat7, "0.00") + " m3/min"
            Label19.Text = Dat10.ToString + "m3"
            Label15.Text = Dat8.ToString + "m3"
        End Sub
        '关闭程序时关闭串口
        Private Sub Form1_FormClosing(ByVal sender As Object, ByVal e As
    System.Windows.Forms.FormClosingEventArgs) Handles Me.FormClosing
            If SerialPort1.IsOpen Then SerialPort1.Close()
        End Sub
        '启停控制按钮
        Private Sub Button1_Click(sender As Object, e As EventArgs) Handles
    Button1.Click
            If Set0 = 0 Then
                Set0 = 1
                Button1.Text = "停 止"
            Else
                Set0 = 0
                Button1.Text = "启 动"
            End If
            WR = True
        End Sub
        '改变设定流量后写入新值
```

```
        Private Sub TextBox1_TextChanged(sender As Object, e As EventArgs) Handles
TextBox1.TextChanged
            WR = True
        End Sub
    End Class
```

7.1.2　串行通信单元 MODBUS 协议

（1）通信报文说明

串行通信单元支持 MODBUS-RTU 从机模式，上位机与 PLC 通信 MODBUS 报文示例见表 7-5。

表 7-5　上位机与 PLC 通信 MODBUS 报文示例

功能	上位机发送		PLC 响应	
	数据	说明	数据	说明
读从 D100 开始的 18 个寄存器	0x01	从机地址	0x01	从机地址
	0x03	功能码	0x03	功能码
	0x0064	从 D100 开始	0x24	命令符
	0x0012	读取 18 个寄存器	XX......XX	36 字节数据
	CRC	校验码	CRC	校验码
写从 D100 开始 4 个寄存器	0x01	从机地址	0x01	从机地址
	0x10	功能码	0x10	功能码
	0x0064	从 D100 开始	0x0064	从 D100 开始
	0x0004	写 4 个寄存器	0x0004	写 4 个寄存器
	0x08	8 字节	CRC	校验码
	XX......XX	8 字节数据		
	CRC	校验码		

（2）串行通信单元参数设定

串行通信单元有 2 组 RS-485，端口 1 已设定为协议宏模式，与变频器和流量计通信，端口 2 可以设为 MODBUS 模式与上位机通信。MODBUS 模式参数设定界面见图 7-3，通信参数设置为：波特率 9600，格式 8，1，n，通信地址为 1，通信寄存器区选 DM，然后单击"传送[PC 到单元]"完成设定，PLC 程序关于串口通信部分无需编程，寄存器读写操作与 PLC 工作模式无关，不受限制。

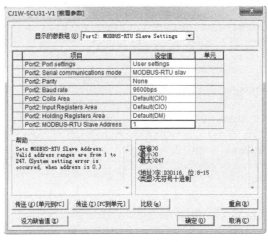

图 7-3　MODBUS 模式参数设定界面

图 7-3 中帮助栏英文内容的意思是：通信地址有效范围为 1～247，如果使用默认的 0 作为从机地址则会报错。实际测试通信地址为 0 时，串行通信单元 ERH 指示灯会闪烁。

（3）上位机软件编程

仍以第 6 章 6.4 中"通信单元应用示例"项目为例，用上位机监控，监控软件用 VB.NET 编写，软件界面同 HOSTLINK 协议通信界面，软件流程也相同，不同之处在于通信协议使用了 MODBUS，具体程序代码如下：

```
Imports System.Threading        '使用 Thread 所引用的命名空间
Public Class Form1
    Dim rbuf() As Byte              '接收缓冲区
    Dim tbuf() As Byte              '发送缓冲区
    Dim CRC As UInt16               '校验值
    Dim Sta As String               '连接状态显示
    Dim Link As Boolean             '已连接
    Dim WR As Boolean               '写使能
    Dim Set0 As Int16               '系统起停设定
    Dim Set1 As Single              '设定流量值
    Dim Dat0 As Int16               '系统启停返回值
    Dim Dat1 As Single              '设定流量返回值
    Dim Dat2 As Single              '变频器频率
    Dim Dat3 As Single              '变频器电流
    Dim Dat4 As Int16               '变频器故障码
    Dim Dat5 As Int16               '电动阀状态位
    Dim Dat6 As Single              '出口压力
    Dim Dat7 As Single              '实际流量
    Dim Dat8 As ULong               '累积量实时值
    Dim Dat9 As ULong               '累积量底数
    Dim Dat10 As ULong              '本次供液量
    '串口搜索
    Private Sub ScanCom()
        For Each portName As String In My.Computer.Ports.SerialPortNames
            Try                         '逐个打开端口，发送 Hostlink 报文，有回应则搜索到 PLC
                SerialPort1.PortName = portName     '设定端口
                SerialPort1.Open()                  '打开端口
                ReDim tbuf(7)
                tbuf = {1, 3, 0, 0, 0, 1, 0, 0}
                CRC = CrcVB(tbuf, 0, 6)
                tbuf(6) = CRC Mod 256
                tbuf(7) = CRC \ 256
                SerialPort1.Write(tbuf, 0, 8)       '发送数组 fx
                Thread.Sleep(200)                   '延时
                If Link Then
                    Sta = "已连接 PLC"
                    Exit Sub                        '已搜索到 PLC，退出搜索程序
                End If
                SerialPort1.Close()
            Catch ex As Exception
                'MsgBox("可用串口检查" & portName)
            End Try
        Next
```

```
        End Sub
        '串口中断接收
        Private Sub SerialPort1_DataReceived(ByVal sender As Object, ByVal e As
System.IO.Ports.SerialDataReceivedEventArgs) Handles SerialPort1.DataReceived
            Dim m As Integer                        '接收字符数量
            Dim n As Integer                        '字符串位置
            Dim rbuf(100) As Byte                   '接收缓冲区
            Thread.Sleep(100)                       '收到1字节数据进入中断，延时接收整个报文
            m = SerialPort1.BytesToRead             '读缓冲区数据量
            If m > 1 Then
                For i = 0 To m - 1
                    rbuf(i) = SerialPort1.ReadByte
                Next i
                CRC = CrcVB(rbuf, 0, m - 2)
                If (rbuf(0) = 1) And (rbuf(1) = 3) Then
                    Link = True '收到特征字符，已和PLC建立通信连接
                    If (rbuf(2) = 36) And (rbuf(39) = (CRC Mod 256)) And (rbuf
(40) = (CRC \ 256)) Then   '收到读取数据
                        Dat0 = 256 * rbuf(3) + rbuf(4)
                        Dat2 = (256 * rbuf(11) + rbuf(12)) / 10    '转换数据
                        Dat3 = (256 * rbuf(13) + rbuf(14)) / 10
                        Dat4 = 256 * rbuf(15) + rbuf(16)
                        Dat5 = 256 * rbuf(17) + rbuf(18)
                        rbuf(0) = rbuf(20)              '数据大小端交换
                        rbuf(20) = rbuf(19)
                        rbuf(19) = rbuf(0)
                        rbuf(0) = rbuf(22)
                        rbuf(22) = rbuf(21)
                        rbuf(21) = rbuf(0)
                        Dat6 = BitConverter.ToSingle(rbuf, 19)    '转换为浮点数
                        rbuf(0) = rbuf(24)
                        rbuf(24) = rbuf(23)
                        rbuf(23) = rbuf(0)
                        rbuf(0) = rbuf(26)
                        rbuf(26) = rbuf(25)
                        rbuf(25) = rbuf(0)
                        Dat7 = BitConverter.ToSingle(rbuf, 23)
                        Dat8 = 256 * 256 * 256 * CLng(rbuf(29)) + 256 * 256 * CLng
(rbuf(30)) + 256 * CLng(rbuf(27)) + CLng(rbuf(28))
                        Dat10 = 256 * 256 * 256 * CLng(rbuf(37)) + 256 * 256 * CLng
(rbuf(38)) + 256 * CLng(rbuf(35)) + CLng(rbuf(36))
                    End If
                End If
                If (rbuf(0) = 1) And (rbuf(1) = 16) Then WR = False   '写入完成
            End If
        End Sub
        'CRC校验：Dat-待校验数组   sn-开始序号    bn-校验字节数
        Function CrcVB(ByVal Dat() As Byte, ByVal sn As Integer, ByVal bn As Integer)
As Integer
            Dim i As Integer
            Dim j As Integer
            Dim CrcDat As UInt16
            CrcDat = &HFFFF
            For i = sn To sn + bn - 1
                CrcDat = CrcDat Xor Dat(i)
```

```vb
            For j = 1 To 8
                If ((CrcDat And 1) = 1) Then
                    CrcDat = CrcDat \ 2
                    CrcDat = CrcDat Xor &HA001
                Else
                    CrcDat = CrcDat \ 2
                End If
            Next j
        Next i
        CrcVB = CrcDat
    End Function
    '程序初始化
    Private Sub Form1_Load(sender As Object, e As EventArgs) Handles Me.Load
        Sta = "准备连接 PLC"
        Link = False
        ToolStripStatusLabel1.Text = Sta
    End Sub
    '1s 定时
    Private Sub Timer1_Tick(sender As Object, e As EventArgs) Handles Timer1.Tick
        Dim f(3) As Byte
        If Link Then
            If WR Then
                Set1 = CSng(TextBox1.Text.ToString) '流量设定
                f = BitConverter.GetBytes(Set1)   '浮点数转字节
                ReDim tbuf(16)        '读取 D100～D117 数据
                tbuf = {1, 16, 0, 100, 0, 4, 8, 0, CByte(Set0), 0, 0, f(1),
f(0), f(3), f(2), 0, 0}
                CRC = CrcVB(tbuf, 0, 15)
                tbuf(15) = CRC Mod 256
                tbuf(16) = CRC \ 256
                SerialPort1.Write(tbuf, 0, 17)     '发送数组 fx
            Else
                ReDim tbuf(7)         '读取 D100～D117 数据
                tbuf = {1, 3, 0, 100, 0, 18, 0, 0}
                CRC = CrcVB(tbuf, 0, 6)
                tbuf(6) = CRC Mod 256
                tbuf(7) = CRC \ 256
                SerialPort1.Write(tbuf, 0, 8)      '发送数组 fx
            End If
        Else
            ScanCom()   '未连接 PLC 时扫描是否接入 PLC
        End If
        ToolStripStatusLabel1.Text = Sta   '显示连接状态
        Label5.Text = Format(Dat2, "0.0") + " Hz" '显示数据
        Label6.Text = Format(Dat3, "0.0") + " A"
        Label7.Text = "故障码: " + Dat4.ToString
        Label8.Text = Format(Dat6, "0.00") + " MPa"
        Label10.Text = Format(Dat7, "0.00") + " m3/min"
        Label19.Text = Dat10.ToString + "m3"
        Label15.Text = Dat8.ToString + "m3"
    End Sub
    '关闭程序时关闭串口
    Private Sub Form1_FormClosing(ByVal sender As Object, ByVal e As
System.Windows.Forms.FormClosingEventArgs) Handles Me.FormClosing
        If SerialPort1.IsOpen Then SerialPort1.Close()
```

```
        End Sub
        '启停控制按钮
        Private Sub Button1_Click(sender As Object, e As EventArgs) Handles
Button1.Click
            If Set0 = 0 Then
                Set0 = 1
                Button1.Text = "停 止"
            Else
                Set0 = 0
                Button1.Text = "启 动"
            End If
            WR = True
        End Sub
        '改变设定流量后写入新值
        Private Sub TextBox1_TextChanged(sender As Object, e As EventArgs) Handles
TextBox1.TextChanged
            WR = True
        End Sub
    End Class
```

7.2 物联网远程监控欧姆龙 PLC 示例

7.2.1 物联网平台

(1) 物联网平台作用

工业控制系统中 PLC 可经串口连接 GPRS 数传终端实现联网，由于大多数连接因特网设备的 IP 地址是动态的，设备间无法直接建立连接，需要通过物联网服务器建立通信通道。物联网平台类似于微信平台，都是借助服务器建立客户端之间通信连接。登录物联网平台的包括用户及用户所属的设备，用户登录是为了管理自己的设备，设备登录后可将数据保存到服务器上或实时传给其他已登录设备。

要实现物联网远程监控 PLC，从物联网服务器所起到的作用方面看主要有两种方式：一种是透传模式，PLC、上位机或手机登录服务器后直接互相通信，上位机和手机端需要安装监控软件；第二种方式是"云组态"，在物联网服务器上组态，编辑监控画面，物联网服务器和 PLC 间通信，实时更新数据，上位机和手机登录服务器，以网页的模式监控 PLC，上位机不需要安装监控软件，手机需关注有人物联网公众号以及进入有人云小程序。

(2) 有人物联网

仍以第 6 章 6.4 中"通信单元应用示例"项目为例，通过物联网远程监控 PLC，示例中物联网平台采用了有人物联网的"有人云"。

① 打开网页 http://cloud.usr.cn/，进入有人云的用户注册/登录界面，见图 7-4，初次使用先注册，后登录。

② 登录有人云后依次单击"设备管理"→"设备列表"，进入添加设备界面，见图 7-5，添加了 4 个设备，计划 PLC 使用"透传 B"登录，上位机使用"透传 C"登录，手机使用"透传 A"登录，"有人云测试"准备用于测试云组态功能，透传功能的设备使用"数据透传"设备模板，"有人云测试"设备则根据通信协议新建了设备模板。

图 7-4　用户注册/登录界面

③ 单击"扩展功能"→"透传管理"，进入透传策略组态界面，见图 7-6，新建透传策略"PLC 远程监控"，选择边缘端为"透传 B"，即 PLC 端，选择管理端为"透传 A"和"透传 C"，对应的设备为手机和上位机，组态后的效果是 PLC 数据会分别传给上位机和手机，上位机和手机都可以监控 PLC。

图 7-5　添加设备界面

（a）新建透传策略

（b）选择边缘端

（c）选择管理端

（d）透传策略查看

图 7-6　透传策略组态界面

7.2.2 有人物联 GPRS 数传终端 USR-G770

（1）USR-G770 简介

USR-G770 是一款工业用无线数据传输终端，其外形图见图 7-7，左上部是 GPRS 天线插座，需要外接 GPRS 天线，右上侧是 SIM 卡座，需要购买 4G 物联卡安装到卡座里，如长期使用要定期续费，下侧是接线端子排，用于接入直流工作电源和 RS-485 通信线。LED 指示灯从下到上依次代表电源指示、运行指示、联网指示和登录服务器指示。

图 7-7　USR-G770 外形图

（2）网络透传模式

USR-G770 可以实现常规 DTU 的数据透传功能，网络透传模式示意图见图 7-8，PLC 发送串口数据进入 G770，转成网络数据传给有人云服务器，数据传输方式改变，但数据内容不变，服务器返回网络数据经 G770 转成串口数据传回 PLC。

（3）USR-G770 参数设置

USR-G770 是通过串口进行参数设置的，参数设置前先接好电源线和 RS-485 通信线。USR-G770 参数设置软件界面见图 7-9，参数设置步骤如下。

* 选择串口号，默认串口参数为：115200，n，8，1，打开串口。

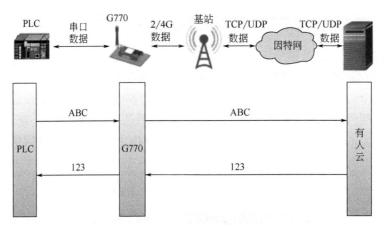

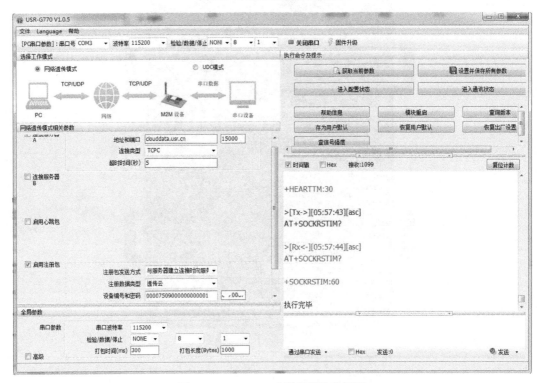

图 7-8　网络透传模式示意图

图 7-9　USR-G770 参数设置软件界面

- 单击"进入配置状态"按钮，软件自动发送 AT 指令，USR-G770 由上电后自动进入的通信状态转为进入配置状态。
- 设置服务器参数，地址为 clouddata.usr.cn，端口为 15000。
- 启用注册包，注册包发送方式选择"与服务器建立连接时向服务器发送一次"，注册数据类型选择"透传云"，设备编号和密码填写"透传 B"的 SN 码和登录密码。
- 单击"设置并保存所有参数"按钮，软件发送 AT 指令，给 USR-G770 设置新参数。
- 单击"模块重启"按钮，USR-G770 重启，按新设定参数进入通信状态，当 LINK 指示灯亮后，在有人云网页设备列表中可看到"透传 B"的状态变为"在线"。

将 PLC 串行通信单元端口的波特率由 9600bps 改为 115200bps，与 USR-G770 相同。

7.2.3 上位机 VB.NET 程序

上位机监控软件用 VB.NET 编写，软件界面同 MODBUS 协议通信界面，上位机需要连接以太网，软件运行后连接有人云服务器，登录后可以和 PLC 直接通信，登录时发送的 50 字节数据是由设备编号和登录密码经过特定算法生成的，服务器能从中解析设备 ID 并校验密码是否正确，登录数据是通过有人虚拟串口软件 USR-VCOM 运行后模拟登录服务器报文截取的。VB.NET（版本 Visual Studio 2015）程序代码如下：

```
Option Explicit On   '显式声明
Imports System.Threading              '使用 Thread 所引用的命名空间
Imports System.Net.Sockets
Public Class Form1
    Dim tcpClient As TcpClient
    Dim netStream As NetworkStream
    Dim th As Threading.Thread
    Dim rbuf(200) As Byte            '接收缓冲区
    Dim tbuf() As Byte               '发送缓冲区
    Dim CRC As UInt16                '校验值
    Dim Sta As String                '连接状态显示
    Dim Link As Boolean              '设备已登录
    Dim Net As Boolean               '已连接服务器
    Dim WR As Boolean                '写使能
    Dim Set0 As Int16                '系统启停设定
    Dim Set1 As Single               '设定流量值
    Dim Dat0 As Int16                '系统启停返回值
    Dim Dat1 As Single               '设定流量返回值
    Dim Dat2 As Single               '变频器频率
    Dim Dat3 As Single               '变频器电流
    Dim Dat4 As Int16                '变频器故障码
    Dim Dat5 As Int16                '电动阀状态位
    Dim Dat6 As Single               '出口压力
    Dim Dat7 As Single               '实际流量
    Dim Dat8 As ULong                '累积量实时值
    Dim Dat9 As ULong                '累积量底数
    Dim Dat10 As ULong               '本次供液量
    '连接物联网
    Private Sub tcpNet()
        Try                          '连接有人物联服务器
            tcpClient = New TcpClient("106.14.135.57", 15000)
            netStream = tcpClient.GetStream    '定义数据流
            th = New System.Threading.Thread(New System.Threading.
                ThreadStart(AddressOf MyListen))
            th.Start()                              '开始新线程，接收数据
            If tcpClient.Connected Then
                Sta = "已连接网络"
                Net = True
            End If
        Catch ex As Exception
            Sta = "未连接网络"
        End Try
```

```
            End Sub
        '接收数据
        Private Sub MyListen()
            Dim m As Int16
            Try
                While True
                    If tcpClient.Available Then
                        m = netStream.Read(rbuf, 0, 200)
                        If m > 1 Then
                            If (rbuf(0) = &HE3) And (rbuf(1) = &H8E) Then
                                Link = True '收到特征字符，已和 PLC 建立通信连接
                                Sta = "已登录服务器"
                            End If
                            CRC = CrcVB(rbuf, 0, m - 2)
                            If (rbuf(0) = 1) And (rbuf(1) = 3) Then
                                Link = True '收到特征字符，已和 PLC 建立通信连接
                                If (rbuf(2) = 36) And (rbuf(39) = (CRC Mod 256)) _
                                And (rbuf(40) = (CRC \ 256)) Then    '收到读取数据
                                    Dat0 = 256 * rbuf(3) + rbuf(4)
                                    Dat2 = (256 * rbuf(11) + rbuf(12)) / 10
                                    Dat3 = (256 * rbuf(13) + rbuf(14)) / 10
                                    Dat4 = 256 * rbuf(15) + rbuf(16)
                                    Dat5 = 256 * rbuf(17) + rbuf(18)
                                    rbuf(0) = rbuf(20)                  '数据大小端交换
                                    rbuf(20) = rbuf(19)
                                    rbuf(19) = rbuf(0)
                                    rbuf(0) = rbuf(22)
                                    rbuf(22) = rbuf(21)
                                    rbuf(21) = rbuf(0)
                                    Dat6 = BitConverter.ToSingle(rbuf, 19)
                                    rbuf(0) = rbuf(24)
                                    rbuf(24) = rbuf(23)
                                    rbuf(23) = rbuf(0)
                                    rbuf(0) = rbuf(26)
                                    rbuf(26) = rbuf(25)
                                    rbuf(25) = rbuf(0)
                                    Dat7 = BitConverter.ToSingle(rbuf, 23)
                                    Dat8 = 256 * 256 * 256 * CLng(rbuf(29)) + 256 *
256 * CLng(rbuf(30)) + 256 * CLng(rbuf(27)) + CLng(rbuf(28))
                                    Dat10 = 256 * 256 * 256 * CLng(rbuf(37)) + 256 *
256 * CLng(rbuf(38)) + 256 * CLng(rbuf(35)) + CLng(rbuf(36))
                                End If
                            End If
                            If (rbuf(0) = 1) And (rbuf(1) = 16) Then WR = False
'写入完成
                        End If
                    End If
                End While
            Catch ex As Exception
                Sta = "状态：接收数据失败"
                tcpClient.Close()
            End Try
        End Sub
        'CRC 校验：Dat-待校验数组  sn-开始序号   bn-校验字节数
        Function CrcVB(ByVal Dat() As Byte, ByVal sn As Integer, ByVal bn As Integer)
```

```vb
    As Integer
        Dim i As Integer
        Dim j As Integer
        Dim CrcDat As UInt16
        CrcDat = &HFFFF
        For i = sn To sn + bn - 1
            CrcDat = CrcDat Xor Dat(i)
            For j = 1 To 8
                If ((CrcDat And 1) = 1) Then
                    CrcDat = CrcDat \ 2
                    CrcDat = CrcDat Xor &HA001
                Else
                    CrcDat = CrcDat \ 2
                End If
            Next j
        Next i
        CrcVB = CrcDat
    End Function
'程序初始化
Private Sub Form1_Load(sender As Object, e As EventArgs) Handles Me.Load
    Sta = "准备连接物联网"
    Link = False
    Net = False
    ToolStripStatusLabel1.Text = Sta
End Sub
'1s定时
Private Sub Timer1_Tick(sender As Object, e As EventArgs) Handles Timer1.Tick
    Dim f(3) As Byte
    If Net Then
        If Link Then
            If WR Then
                Set1 = CSng(TextBox1.Text.ToString)     '流量设定
                f = BitConverter.GetBytes(Set1)          '浮点数转字节
                ReDim tbuf(16)          '读取D100～D117数据
                tbuf = {1, 16, 0, 100, 0, 4, 8, 0, CByte(Set0), 0, 0,
                        f(1), f(0), f(3), f(2), 0, 0}
                CRC = CrcVB(tbuf, 0, 15)
                tbuf(15) = CRC Mod 256
                tbuf(16) = CRC \ 256
                Try
                    netStream.Write(tbuf, 0, 17)    '组织数据fx
                    netStream.Flush()               '发送数据
                Catch ex As Exception
                    Sta = "发送数据失败2"
                End Try
            Else
                ReDim tbuf(7)           '读取D100～D117数据
                tbuf = {1, 3, 0, 100, 0, 18, 0, 0}
                CRC = CrcVB(tbuf, 0, 6)
                tbuf(6) = CRC Mod 256
                tbuf(7) = CRC \ 256
                Try
                    netStream.Write(tbuf, 0, 8)     '组织数据fx
                    netStream.Flush()               '发送数据
```

```
                    Catch ex As Exception
                        Sta = "发送数据失败 3"
                    End Try
                End If
            Else
                ReDim tbuf(49)          '设备登录
                tbuf = {&H9C, &H79, &HD9, &H7B, &HBA, &H81, &HA4, &H63, &H24, &H7B,
                    &H2E, &H23, &H15, &H40, &HAF, &H68, &HEF, &HC6, &H10, &H12,
                    &H1E, &HAA, &H89, &H72, &H30, &H63, &H93, &HE8, &HC4, &HED,
                    &HCB, &H8F, &H4F, &H6F, &H86, &H4C, &H44, &H4F, &HE7, &HB9,
                    &H28, &HC0, &H83, &HEB, &HCB, &H7, &H54, &H80, &HF, &H9A}
                Try
                    netStream.Write(tbuf, 0, 50)          '组织数据 fx
                    netStream.Flush()                      '发送数据
                Catch ex As Exception
                    Sta = "发送数据失败 1"
                End Try
            End If
        Else
            tcpNet()    '未连接网络时连接服务器网络
        End If
        ToolStripStatusLabel1.Text = Sta               '显示连接状态
        Label5.Text = Format(Dat2, "0.0") + " Hz"    '显示数据
        Label6.Text = Format(Dat3, "0.0") + " A"
        Label7.Text = "故障码: " + Dat4.ToString
        Label8.Text = Format(Dat6, "0.00") + " MPa"
        Label10.Text = Format(Dat7, "0.00") + " m3/m"
        Label9.Text = Dat10.ToString + "m3"
        Label15.Text = Dat8.ToString + "m3"
    End Sub
    '关闭程序时断开连接
    Private Sub Form1_FormClosing(ByVal sender As Object, ByVal e As
System.Windows.Forms.FormClosingEventArgs) Handles Me.FormClosing
        If tcpClient.Connected Then tcpClient.Close()
    End Sub
    '启停控制按钮
    Private Sub Button1_Click(sender As Object, e As EventArgs) Handles
Button1.Click
        If Set0 = 0 Then
            Set0 = 1
            Button1.Text = "停 止"
        Else
            Set0 = 0
            Button1.Text = "启 动"
        End If
        WR = True
    End Sub
    '改变设定流量后写入新值
    Private Sub TextBox1_TextChanged(sender As Object, e As EventArgs) Handles
TextBox1.TextChanged
        WR = True
    End Sub
End Class
```

7.2.4 手机 App 程序

手机端监控软件用 Android Stdio 编写，程序代码如下：

```
package zhou.chs.usr;
import androidx.appcompat.app.AppCompatActivity;
import android.content.pm.ActivityInfo;
import android.os.Bundle;
import android.os.Handler;
import android.os.Message;
import android.text.Editable;
import android.text.TextWatcher;
import android.view.View;
import android.view.Window;
import android.view.WindowManager;
import android.widget.Button;
import android.widget.EditText;
import android.widget.TextView;
import java.io.IOException;
import java.io.InputStream;
import java.io.OutputStream;
import java.net.Socket;
import java.util.Timer;
import java.util.TimerTask;
public class MainActivity extends AppCompatActivity implements TextWatcher{
    private Handler mHandler;    //消息线程
    private Socket mSocket;      //TCP_Client Socket
    private StartThread st;      //TCP 客户端线程
    private ConnectedThread rt;  //TCP 数据交换线程
    TextView tv;                 //状态显示
    EditText et;                 //设定流量值
    Button bt;
    TextView hz,ia,mpa,fl,lj,bl,fm;              //数据显示
    private byte rbuf[] = new byte[512];         //接收数据
    private int len;     //接收数据长度
    boolean running = false;
    int sta=1;       //状态值：1—有网络；2—连接到网络；3—设备已登录；4—需要写入数据
    int Crc;         //CRC 校验
    int Set0=0;      //系统启停设定
    float Set1;      //设定流量值

    int Dat0;        //系统启停返回值
    float Dat1;      //设定流量返回值
    float Dat2;      //变频器频率
    float Dat3;      //变频器电流
    int Dat4;        //变频器故障码
    int Dat5;        //电动阀状态位
    float Dat6;      //出口压力
    float Dat7;      //实际流量
    int Dat8;        //累积量实时值
    int Dat9;        //累积量底数
    int Dat10;       //本次供液量
```

```java
        @Override
        protected void onCreate(Bundle savedInstanceState) {
            super.onCreate(savedInstanceState);
            requestWindowFeature(Window.FEATURE_NO_TITLE);//这行代码一定要在
setContentView之前，不然会闪退
            setRequestedOrientation(ActivityInfo.SCREEN_ORIENTATION_LANDSCAPE);
            Window window = getWindow();
            window.addFlags(WindowManager.LayoutParams.FLAG_FULLSCREEN);
            window.addFlags(WindowManager.LayoutParams.FLAG_KEEP_SCREEN_ON);
            setContentView(R.layout.activity_main);
            tv = findViewById(R.id.idtv);
            et = findViewById(R.id.idet);
            bt = findViewById(R.id.idbt);
            hz = findViewById(R.id.idhz);
            ia = findViewById(R.id.idia);
            mpa = findViewById(R.id.idmpa);
            fl = findViewById(R.id.idfl);
            lj = findViewById(R.id.idlj);
            bl = findViewById(R.id.idbl);
            fm = findViewById(R.id.idfm);
            et.addTextChangedListener(this);
            mHandler = new MyHandler();//实例化 Handler，用于进程间的通信
            Timer mTimer = new Timer();             //新建 Timer
            mTimer.schedule(new TimerTask() {
                @Override
                public void run() {
                    Message msg2 = mHandler.obtainMessage();    //创建消息
                    msg2.what = 2;                      //变量 what 赋值
                    mHandler.sendMessage(msg2);         //发送消息
                }
            }, 1000, 3000);       //延时 1000ms，然后每隔 3000ms 发送消息
        }
        //CRC 校验子程序
        public int CRC(byte[] buf, int n) {
            int a,b,c;
            a=0xFFFF;
            b=0xA001;
            for (int i = 0; i < n; i++) {
                a^=buf[i]&0xFF;
                for (int j = 0; j < 8; j++) {
                    c=(int)(a&0x01);
                    a>>=1;
                    if (c==1) {
                        a^=b;
                    }
                }
            }
            return a;  //返回校验
        }
        @Override
        public void beforeTextChanged(CharSequence s, int start, int count, int
after) {
        }
        @Override
```

```java
        public void onTextChanged(CharSequence s, int start, int before, int
count) {
        }
        @Override
        public void afterTextChanged(Editable s) {
            String fs=et.getText().toString();
            if(fs.equals("")) Set1=0;
            else Set1=Float.parseFloat(fs);
            if(sta==3) sta=4;
        }
        //按键响应程序
        public void btRun(View view) {
            if(Set0==0){
                Set0=1;
                bt.setText("停止");
            }
            else{
                Set0=0;
                bt.setText("启动");
            }
            if(sta==3) sta=4;
        }
        //建立 socket 连接的线程
        private class StartThread extends Thread{
            @Override
            public void run() {
                try {
                    mSocket = new Socket("106.14.135.57", 15000);//连接物联服务器
                    sta=2;
                    rt = new ConnectedThread(mSocket);  //启动接收数据的线程
                    rt.start();
                    running = true;
                    if(mSocket.isConnected()){                //成功连接获取 socket 对象则发送
成功消息
                        Message msg0 = mHandler.obtainMessage();
                        msg0.what=0;
                        mHandler.sendMessage(msg0);
                    }
                } catch (IOException e) {
                    e.printStackTrace();
                }
            }
        }
        //数据输入输出线程
        private class ConnectedThread extends Thread {
            private final Socket mmSocket;
            private final InputStream mmInStream;
            private final OutputStream mmOutStream;
            public ConnectedThread(Socket socket) {   //socket 连接
                mmSocket = socket;
                InputStream tmpIn = null;
                OutputStream tmpOut = null;
                try {
```

```
            tmpIn = mmSocket.getInputStream();        //数据通道创建
            tmpOut = mmSocket.getOutputStream();
            Message msg0 = mHandler.obtainMessage();
            msg0.what = 0;
            mHandler.sendMessage(msg0);
        } catch (IOException e) { }
        mmInStream = tmpIn;
        mmOutStream = tmpOut;
    }
    public final void run() {
        while (running) {
            int byt;
            try {
                byt = mmInStream.read(rbuf);        // 监听接收到的数据
                if(byt>0){
                    Message msg1 = mHandler.obtainMessage();
                    msg1.what = 1;
                    msg1.obj=byt;
                    mHandler.sendMessage(msg1); // 通知主线程接收到数据
                    try{
                        sleep(100);
                    }catch (InterruptedException e){
                        e.printStackTrace();
                    }
                }
            } catch (NullPointerException e) {
                running = false;
                Message msg2 = mHandler.obtainMessage();
                msg2.what = 2;
                mHandler.sendMessage(msg2);
                e.printStackTrace();
                break;
            } catch (IOException e) {
                break;
            }
        }
    }
    public void write(byte[] bytes) {        //发送字节数据
        try {
            mmOutStream.write(bytes);
        } catch (IOException e) { }
    }
    public void cancel() {        //关闭连接
        try {
            mmSocket.close();
        } catch (IOException e) { }
    }
}
//在主线程处理 Handler 传回来的 message
class  MyHandler extends Handler{
    @Override
    public void handleMessage(Message msg) {
        switch (msg.what) {
```

```
            case 0:  //已连接网络
                tv.setText("已连接网络");
                break;
            case 1:  //收到网络数据
                len=Integer.parseInt(msg.obj.toString());
                // 网络数据解析
                if((sta==2)&&(rbuf[1]==(byte)(0x8E&0xFF)))  {
                    tv.setText("登录成功");
                    sta=3;
                }
                if((sta==3)&&(rbuf[1]==(byte)(0x03&0xFF)))  {
                    //tv.setText("收到数据: "+len);
                    Dat0 = ((rbuf[3]&0xFF)<<8)|(rbuf[4]&0xFF) ;
                    Dat2 = (((rbuf[13]&0xFF)<<8)|(rbuf[14]&0xFF));
                    Dat2 = Dat2/(float)10.0;
                    Dat3 = (((rbuf[11]&0xFF)<<8)|(rbuf[12]&0xFF));
                    Dat3 = Dat3/(float)10.0;
                    Dat4 = ((rbuf[15]&0xFF)<<8)|(rbuf[16]&0xFF) ;
                    Dat5 = ((rbuf[17]&0xFF)<<8)|(rbuf[18]&0xFF) ;
                    int c= ((rbuf[21]&0xFF)<<24)|((rbuf[22]&0xFF)<<16)|
((rbuf[19]&0xFF)<<8)|(rbuf[20]&0xFF);
                    Dat6 = Float.intBitsToFloat(c);
                    c= ((rbuf[25]&0xFF)<<24)|((rbuf[26]&0xFF)<<16)|
((rbuf[23]&0xFF)<<8)|(rbuf[24]&0xFF);
                    Dat7 = Float.intBitsToFloat(c);
                    Dat8 = ((rbuf[29]&0xFF)<<24)|((rbuf[30]&0xFF)<<16)|
((rbuf[27]&0xFF)<<8)|(rbuf[28]&0xFF);
                    Dat10 = ((rbuf[37]&0xFF)<<24)|((rbuf[38]&0xFF)<<16)|
((rbuf[35]&0xFF)<<8)|(rbuf[36]&0xFF);
                    hz.setText(String.format("%.1f",Dat2)+"Hz");
                    ia.setText(String.format("%.1f",Dat3)+"A");
                    mpa.setText(String.format("%.2f",Dat6)+"MPa");
                    fl.setText(String.format("%.2f",Dat7)+"m3/m");
                    lj.setText("总累积量: "+String.format("%d",Dat8)+"m3");
                    bl.setText("本次累积量: "+String.format("%d",Dat10)+"m3");
                }
                if((sta==4)&&(rbuf[1]==(byte)(0x10&0xFF)))  {
                    sta=3;
                }
                break;
            case 2:     //定时1s
                tv.setText("状态: "+sta);
                switch (sta) {
                    case 1:     // 有网络
                        st = new StartThread();
                        st.start(); //连接物联
                        break;
                    case 2:     // 已连接物联，登录服务器
                        byte tbuf1[] = {(byte)0x98,(byte)0x00,(byte)0xC7,
(byte)0x15,(byte)0xCA,
                                    (byte)0xD5,(byte)0xB9,(byte)0x22,(byte)0xFC,
(byte)0xC7,
                                    (byte)0xE1,(byte)0x45,(byte)0x35,(byte)0x6B,
```

```
(byte) 0xF6,
                                    (byte) 0x0F, (byte) 0xE4, (byte) 0x57, (byte) 0xAF,
(byte) 0x4C,
                                    (byte) 0xA7, (byte) 0x0A, (byte) 0x1C, (byte) 0xBA,
(byte) 0xED,
                                    (byte) 0xA7, (byte) 0x9B, (byte) 0xF5, (byte) 0x5E,
(byte) 0xD5,
                                    (byte) 0xB9, (byte) 0xC5, (byte) 0xF7, (byte) 0x30,
(byte) 0xDC,
                                    (byte) 0xE7, (byte) 0x13, (byte) 0x2B, (byte) 0x71,
(byte) 0xE0,
                                    (byte) 0x87, (byte) 0x24, (byte) 0x5C, (byte) 0xEF,
(byte) 0x9F,
                                    (byte) 0xA3, (byte) 0xD0, (byte) 0xC6, (byte) 0x5C,
(byte) 0x75};
                         rt.write(tbuf1);
                         break;
                    case 3:      // 设备已登录，读取数据
                         byte tbuf2[] = {(byte) 0x01, (byte) 0x03, (byte) 0x00,
(byte) 0x64, (byte) 0x00,
                              (byte) 0x12, (byte) 0x00, (byte) 0x00};
                         Crc = CRC(tbuf2, 6);
                         tbuf2[6]=(byte) (Crc & 0xFF);
                         tbuf2[7]=(byte) ((Crc >> 8) & 0xFF);
                         rt.write(tbuf2);
                         break;
                    case 4:      // 写入数据
                    byte tbuf3[] = {(byte) 0x01, (byte) 0x10, (byte) 0x00,
(byte) 0x64, (byte) 0x00,
                              (byte) 0x04, (byte) 0x08, (byte) 0x00, (byte) 0x00,
(byte) 0x00,
                              (byte) 0x00, (byte) 0x00, (byte) 0x00, (byte) 0x00,
(byte) 0x00,
                              (byte) 0x00, (byte) 0x00};
                         if(Set0==0) tbuf3[8]=(byte) (0x00);
                         else tbuf3[8]=(byte) (0x01);
                         int n=Float.floatToIntBits(Set1);
                         tbuf3[11]=(byte) (n>>8);
                         tbuf3[12]=(byte) (n);
                         tbuf3[13]=(byte) (n>>24);
                         tbuf3[14]=(byte) (n>>16);
                         Crc = CRC(tbuf3, 15);
                         tbuf3[15]=(byte) (Crc & 0xFF);
                         tbuf3[16]=(byte) ((Crc >> 8) & 0xFF);
                         rt.write(tbuf3);
                         break;
                    }
                  break;
              }
          }
      }
  }
```

手机通过 WiFi 或 GPRS 网络上网，手机 App 通过物联网监控 PLC 界面见图 7-10，界面有简易流程图显示运行参数，可设定流量和控制启动和停止。

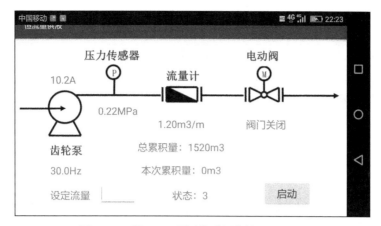

图 7-10 手机 App 通过物联网监控 PLC 界面

7.2.5 有人云 "云组态"

对连接 PLC 串行通信单元的 G770 修改参数,使用 "有人云测试" 的 ID 和密码登录服务器。在有人云控制台上 "云组态" 主要操作步骤如下。

(1)新建设备模板

添加 "有人云测试" 设备时,新建了对应的设备模板,新建设备模板界面见图 7-11,依次选择了 "Modbus/PLC" "Modbus" "Modbus RTI 云端采集"。

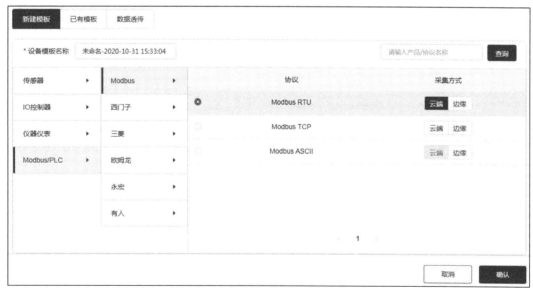

图 7-11 新建设备模板界面

(2)编辑设备模板

单击 "设备模板",进入如图 7-12 所示设备模板管理界面,单击 "编辑" 进入如图 7-13 所示编辑设备模板界面,开始编辑从机和从机所对应的变量。

(3)添加从机

单击从机列表底部的 "+添加从机",进入如图 7-14 所示添加从机界面,其中从机地址即 MODBUS 通信地址,应设为与 PLC 串行通信单元一致。

图 7-12 设备模板管理界面

图 7-13 编辑设备模板界面

图 7-14 添加从机界面

（4）添加变量

单击变量列表底部的"+添加变量"，进入如图 7-15 所示添加变量界面，其中寄存器选择 4，对应 PLC 的 DM 寄存器区，MODBUS 的 40105 对应 D104，采集频率最快 1min，高级选项中采集公式可对采集数据修正，显示变换后的数据。

变量都添加完成后，还可删除或重新编辑，最终变量列表界面见图 7-16，读写方式只有两种，对于只是显示的变量选只读，对于需要控制的变量选读写，变量读取周期最短 1min，写操作是立即的，只要改变变量值就发送写寄存器报文，数值类型除了选类型，还可以选数据大小端，欧姆龙 CJ2M 中双字变量的低位字在前。

图 7-15　添加变量界面

图 7-16　变量列表界面

（5）组态设计

在设备模板界面单击"组态设计"，进入如图 7-17 所示组态设计界面，分别设计 PC 端和手机端的页面，先用图库中的元件编辑出工艺流程图，再用元件库中的元件显示变量和控制变量。

（6）监控大屏

设备运行后登录有人云控制台，进入监控大屏，选择要查看的项目及其中的设备，云组态监控大屏会显示 PC 端组态设计界面，有人云测试设备对应的云组态监控大屏截图见图 7-18，界面显示读取到的变量数值，修改设定流量或系统启停操作，PLC 上对应寄存器数据会随之变化。

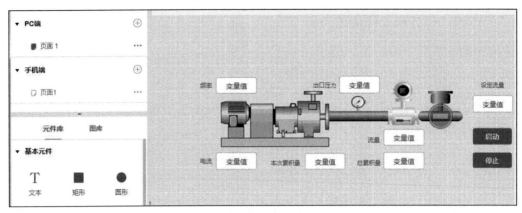

（a）PC 端

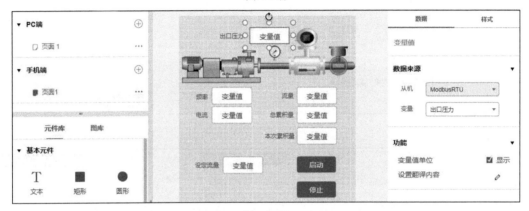

（b）手机端

图 7-17　组态设计界面

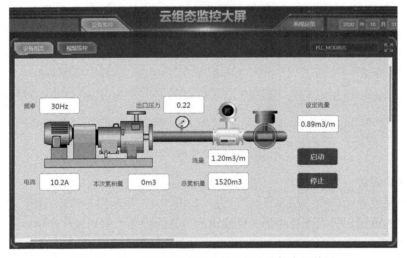

图 7-18　有人云测试设备对应的云组态监控大屏截图

（7）手机微信小程序

　　登录有人云控制台后，在页面的右侧有手机端（小程序）的二维码，扫码后在微信小程序里可以找到"有人云组态"小程序，运行后有人云组态小程序界面见图 7-19，登录界面可以输入账号密码登录，也可以直接点击下侧微信图标登录，登录后进入管理界面，会发现有人云测试设备，点击后进入该设备管理详情，展示的是数据模式，进入组态模式可以看到手机端组态画面。

(a) 登录界面

(b) 管理界面

(c) 数据模式

(d) 组态模式

图 7-19　有人云组态小程序界面

第 8 章

欧姆龙 PLC 网络通信单元应用

欧姆龙 CPU 单元 CJ2M 内置 EtherNet/IP 端口，可以与触摸屏、其他 PLC 或上位机实现 FINS 报文通信。FINS（Factory Interface Network Service）是欧姆龙开发的支持工业以太网的通信协议，FINS 在以太网上帧格式分为 FINS/UDP 格式和 FINS/TCP 格式，使用 FINS/UDP 格式报文通信时无需建立连接，没有连接数量限制，使用 FINS/TCP 格式报文通信需先建立连接，然后再通信，最多能建立 16 个 TCP 连接。

 ## 欧姆龙 FINS/UDP 通信

8.1.1 PLC 之间 FINS/UDP 报文解析

欧姆龙 CPU 单元之间使用网络通信指令进行通信，网络发送和网络接收指令在网络中执行的是欧姆龙的 FINS/UDP 通信协议，欧姆龙 PLC 可以通过网络发送指令将数据发给网络内的 PLC 或上位机，当发送给 PLC 时，接收端 PLC 因支持 FINS/UDP 通信协议会自动接收数据，不需要通过编程指令接收数据，网络接收指令称为网络读取指令更恰当，本地 PLC 发送网络接收指令，远程接点按指令返回数据，这个过程远程接点 PLC 也是不需要编程的。

用 2 个欧姆龙 PLC 运行第 2 章网络通信示例程序，使用带镜像查看功能的交换机，在上位机上运行网络报文抓包程序 Wireshark，抓取到 PLC 间通信的 FINS/UDP 格式报文见图 8-1。

FINS/UDP 格式报文可用于读写寄存器，FINS/UDP 格式报文读寄存器命令帧格式见表 8-1，读寄存器响应帧格式见表 8-2，写寄存器命令帧格式见表 8-3，写寄存器响应帧格式见表 8-4。

```
  381 … 192.168.250.2   192.168.250.3   OMRON      70 Command  : Memory Area Write
  382 … 192.168.250.3   192.168.250.2   OMRON      60 Response : Memory Area Write

▷ Frame 381: 70 bytes on wire (560 bits), 70 bytes captured (560 bits) on interface
▷ Ethernet II, Src: OmronTat_95:9a:71 (00:00:0a:95:9a:71), Dst: OmronTat_9b:61:4a (0
▷ Internet Protocol Version 4, Src: 192.168.250.2, Dst: 192.168.250.3
▷ User Datagram Protocol, Src Port: 9600 (9600), Dst Port: 9600 (9600)
◢ OMRON FINS Protocol
   ◢ Omron Header
      ▷ OMRON ICF Field: 0x80, Gateway bit: Use Gateway, Data Type bit: Command, Resp
        Reserved: 0x00
        Gateway Count: 0x02
        Destination network address: Local network (0x00)
        Destination node number: SYSMAC NET / LINK (0x03)
        Destination unit address: PC (CPU) (0x00)
        Source network address: Local network (0x00)
        Source node number: SYSMAC NET / LINK (0x02)
        Source unit address: PC (CPU) (0x00)
        Service ID: 0x7a
        Command CODE: Memory Area Write (0x0102)
   ◢ Command Data
        Memory Area Code: DM : Word contents (0x82)
        Beginning address: 0x0064
        Beginning address bits: 0x00
        Number of items: 5
        Command Data: a001a002a003a004a005

0000   00 00 0a 9b 61 4a 00 00  0a 95 9a 71 08 00 45 00    ....aJ.. ...q..E.
0010   00 38 4f 28 00 00 1e 11  d8 35 c0 a8 fa 02 c0 a8    .80(.... .5....
0020   fa 03 25 80 25 80 00 24  00 00 80 00 02 00 03 00    ..%.%..$ ..
0030   00 02 00 7a 01 02 82 00  64 00 00 05 a0 01 a0 02    ...z.... d....
0040   a0 03 a0 04 a0 05                                   .....
```

(a) 网络发送报文

```
  381 … 192.168.250.2   192.168.250.3   OMRON      70 Command  : Memory Area Write
  382 … 192.168.250.3   192.168.250.2   OMRON      60 Response : Memory Area Write

▷ Frame 382: 60 bytes on wire (480 bits), 60 bytes captured (480 bits) on interface
▷ Ethernet II, Src: OmronTat_9b:61:4a (00:00:0a:9b:61:4a), Dst: OmronTat_95:9a:71 (0
▷ Internet Protocol Version 4, Src: 192.168.250.3, Dst: 192.168.250.2
▷ User Datagram Protocol, Src Port: 9600 (9600), Dst Port: 9600 (9600)
◢ OMRON FINS Protocol
   ◢ Omron Header
      ▷ OMRON ICF Field: 0xc0, Gateway bit: Use Gateway, Data Type bit: Response, Res
        Reserved: 0x00
        Gateway Count: 0x02
        Destination network address: Local network (0x00)
        Destination node number: SYSMAC NET / LINK (0x02)
        Destination unit address: PC (CPU) (0x00)
        Source network address: Local network (0x00)
        Source node number: SYSMAC NET / LINK (0x03)
        Source unit address: PC (CPU) (0x00)
        Service ID: 0x7a
        Command CODE: Memory Area Write (0x0102)
   ◢ Command Data
        Response code: Normal completion (0x0000)

0000   00 00 0a 95 9a 71 00 00  0a 9b 61 4a 08 00 45 00    .....q.. ..aJ..E.
0010   00 2a 64 70 00 00 1e 11  c2 fb c0 a8 fa 03 c0 a8    .*dp.... ........
0020   fa 02 25 80 25 80 00 16  00 00 c0 00 02 00 02 00    ..%.%... ..
0030   00 03 00 7a 01 02 00 00  00 00 00 00                ...z.... ....
```

(b) 网络发送响应报文

图 8-1

```
177 … 192.168.250.2   192.168.250.3   OMRON    60 Command  : Memory Area Read
178 … 192.168.250.3   192.168.250.2   OMRON    66 Response : Memory Area Read
```

▷ Frame 177: 60 bytes on wire (480 bits), 60 bytes captured (480 bits) on interface
▷ Ethernet II, Src: OmronTat_95:9a:71 (00:00:0a:95:9a:71), Dst: OmronTat_9b:61:4a (
▷ Internet Protocol Version 4, Src: 192.168.250.2, Dst: 192.168.250.3
▷ User Datagram Protocol, Src Port: 9600 (9600), Dst Port: 9600 (9600)
◢ OMRON FINS Protocol
　◢ Omron Header
　　▷ OMRON ICF Field: 0x80, Gateway bit: Use Gateway, Data Type bit: Command, Res
　　　Reserved: 0x00
　　　Gateway Count: 0x02
　　　Destination network address: Local network (0x00)
　　　Destination node number: SYSMAC NET / LINK (0x03)
　　　Destination unit address: PC (CPU) (0x00)
　　　Source network address: Local network (0x00)
　　　Source node number: SYSMAC NET / LINK (0x02)
　　　Source unit address: PC (CPU) (0x00)
　　　Service ID: 0x74
　　　Command CODE: Memory Area Read (0x0101)
　◢ Command Data
　　　Memory Area Code: DM : Word contents (0x82)
　　　Beginning address: 0x006e
　　　Beginning address bits: 0x00
　　　Number of items: 5

```
0000  00 00 0a 9b 61 4a 00 00   0a 95 9a 71 08 00 45 00    ....aJ.. ...q..E.
0010  00 2e 4e f8 00 00 1e 11   d8 6f c0 a8 fa 02 c0 a8    ..N..... .o......
0020  fa 03 25 80 25 80 00 1a   00 00 80 00 02 00 03 00    ..%.%... ........
0030  00 02 00 74 01 01 82 00   6e 00 00 05                ...t.... n...
```

(c) 网络接收报文

```
177 … 192.168.250.2   192.168.250.3   OMRON    60 Command  : Memory Area Read
178 … 192.168.250.3   192.168.250.2   OMRON    66 Response : Memory Area Read
```

▷ Frame 178: 66 bytes on wire (528 bits), 66 bytes captured (528 bits) on interface
▷ Ethernet II, Src: OmronTat_9b:61:4a (00:00:0a:9b:61:4a), Dst: OmronTat_95:9a:71 (
▷ Internet Protocol Version 4, Src: 192.168.250.3, Dst: 192.168.250.2
▷ User Datagram Protocol, Src Port: 9600 (9600), Dst Port: 9600 (9600)
◢ OMRON FINS Protocol
　◢ Omron Header
　　▷ OMRON ICF Field: 0xc0, Gateway bit: Use Gateway, Data Type bit: Response, Re
　　　Reserved: 0x00
　　　Gateway Count: 0x02
　　　Destination network address: Local network (0x00)
　　　Destination node number: SYSMAC NET / LINK (0x02)
　　　Destination unit address: PC (CPU) (0x00)
　　　Source network address: Local network (0x00)
　　　Source node number: SYSMAC NET / LINK (0x03)
　　　Source unit address: PC (CPU) (0x00)
　　　Service ID: 0x74
　　　Command CODE: Memory Area Read (0x0101)
　◢ Command Data
　　　Response code: Normal completion (0x0000)
　　　Response data: b001b002b003b004b005

```
0000  00 00 0a 95 9a 71 00 00   0a 9b 61 4a 08 00 45 00    .....q.. ..aJ..E.
0010  00 34 64 40 00 00 1e 11   c3 21 c0 a8 fa 03 c0 a8    .4d@.... .!......
0020  fa 02 25 80 25 80 00 20   00 00 c0 00 02 00 02 00    ..%.%.. ........
0030  00 03 00 74 01 01 00 00   b0 01 b0 02 b0 03 b0 04    ...t.... ........
0040  b0 05                                                ..
```

(d) 网络接收响应报文

图 8-1 PLC 间通信的 FINS/UDP 格式报文

表 8-1　读寄存器命令帧格式

名称		内容（16 进制）	说明
帧头	ICF	80	发送接收标志，0x80—发送报文，0xC0—响应报文
	RSV	00	固定值
	GCT	02	固定值
	DNA	00	目标网络号，0x00—本网络，0x01~0x7F—远程网络
	DA1	03	目标节点号
	DA2	00	目标单元号
	SNA	00	源网络号
	SA1	02	源节点号，IP 地址末位
	SA2	00	源单元号
	SID	74	服务号任意
命令	Command code	0101	读寄存器
数据	I/O Memory area code	82	0x82—DM 区 Word，0x02—DM 区 Bit 0x80—CIO 区
	Beginning address	006E 00	字起始地址 D110+位起始地址 00
	NO. of items	0005	读取 5 个字

表 8-2　读寄存器响应帧格式

名称		内容（16 进制）	说明
帧头	ICF	C0	发送接收标志，0x80—发送报文，0xC0—响应报文
	RSV	00	固定值
	GCT	02	固定值
	DNA	00	目标网络号，0x00—本网络，0x01~0x7F—远程网络
	DA1	02	目标节点号
	DA2	00	目标单元号
	SNA	00	源网络号
	SA1	03	源节点号，IP 地址末位
	SA2	00	源单元号
	SID	74	服务号同发来报文服务器号
命令	Command code	0101	读寄存器
数据	End code	0000	结束码为 0x0000，读取数据成功
	Data	B001~B005	5 组数据

表 8-3　写寄存器命令帧格式

名称		内容（16 进制）	说明
帧头	ICF	80	发送接收标志，0x80—发送报文，0xC0—响应报文
	RSV	00	固定值
	GCT	02	固定值
	DNA	00	目标网络号，0x00—本网络，0x01~0x7F—远程网络
	DA1	03	目标节点号
	DA2	00	目标单元号
	SNA	00	源网络号
	SA1	02	源节点号，IP 地址末位
	SA2	00	源单元号
	SID	7A	服务号任意

名称		内容（16进制）	说明
命令	Command code	0102	写寄存器
数据	I/O Memory area code	82	0x82—DM区Word，0x02—DM区Bit 0x80—CIO区
	Beginning address	0064 00	字起始地址D100+位起始地址00
	NO. of items	0005	写入5个字
	Data	A001～A005	待写入数据

表8-4　写寄存器响应帧格式

名称		内容（16进制）	说明
帧头	ICF	C0	发送接收标志，0x80—发送报文，0xC0—响应报文
	RSV	00	固定值
	GCT	02	固定值
	DNA	00	目标网络号，0x00—本网络，0x01～0x7F—远程网络
	DA1	02	目标节点号
	DA2	00	目标单元号
	SNA	00	源网络号
	SA1	03	源节点号，IP地址末位
	SA2	00	源单元号
	SID	7A	服务号同来报文服务器号
命令	Command code	0102	写寄存器
数据	End code	0000	结束码为0x0000，写入数据完成

8.1.2　上位机 FINS/UDP 通信测试

从 IO 表和单元设置进入 CJ2M-EIP21 单元设置界面，查看 FINS/UDP 参数界面见图 8-2，UDP 端口为缺省 9600。

图 8-2　查看 FINS/UDP 参数界面

连接上位机与 PLC 的网络接线，打开网络调试助手软件 NetAssist，见图 8-3，协议类型选 UDP，本地主机地址即上位机 IP 地址，本地主机端口使用默认的 8080，也可以改为其他值，打开网络后出现远程主机参数设置框，远程主机 IP 地址即 PLC 的 IP 地址，端口选 9600。

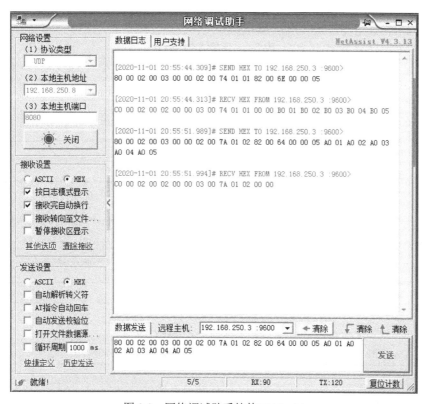

图 8-3　网络调试助手软件 NetAssist

按表 8-1 报文格式发送读寄存器命令，读取起始地址为 D110 的 5 个寄存器，PLC 返回数据符合表 8-2 报文格式，再按表 8-3 报文格式发送写寄存器命令，向起始地址为 D100 的 5 个寄存器写入数据，PLC 返回数据符合表 8-4 报文格式。

欧姆龙 FINS/TCP 通信

8.2.1　FINS/TCP 报文格式

（1）FINS/TCP 通信过程

上位机与 PLC 一般以 FINS/TCP 报文格式进行网络通信，PLC 默认作为 TCP 服务端，通过参数设定也可改为客户端，默认端口为 9600。上位机与 PLC 网络通信步骤如下：

- 上位机与 PLC 建立 TCP 连接；
- 上位机发送一个连接请求帧，PLC 发送连接返回帧，建立 FINS/TCP 连接；
- 上位机发送读写命令帧（FINS 帧），PLC 按命令要求执行并发送响应帧。

（2）FINS/TCP 连接报文格式

连接请求帧格式见表 8-5，由头标识、长度、命令码、错误码和客户端接点地址组成。连接返回帧格式见表 8-6，比请求帧多了服务端节点地址。连接请求帧、连接返回帧和 FINS帧中都一项错误码，正常时都为 0，其他值则代表出错，接收到的报文是无效的，错误码信息表见表 8-7。

表 8-5　连接请求帧格式

名称	内容	说明
头标识	46494E53	ASCII 码：FINS
长度	0000000C	后续字节数为 12
命令码	00000000	连接请求帧
错误码	00000000	正常
客户端节点地址	00000008	上位机 IP 地址末位

表 8-6　连接返回帧格式

名称	内容	说明
头标识	46494E53	ASCII 码：FINS
长度	00000010	后续字节数为 16
命令码	00000001	连接返回帧
错误码	00000000	正常
客户端节点地址	00000008	上位机 IP 地址末位
服务端节点地址	00000003	PLC 以太网 IP 地址末位

表 8-7　错误码信息表

错误码	说明
00000000	正常
00000001	头标识不是"FINS"
00000002	数据长度太长
00000003	不支持的命令
00000020	连接/通信被占用
00000021	节点已连接
00000023	客户端 FINS 节点超出范围
00000024	指定节点被占用
00000025	全部可用节点被占用

（3）FINS/TCP 读写寄存器报文格式

读寄存器命令帧格式见表 8-8，目标节点号由表 8-6 的连接返回帧获得，服务号任意，一般每发送一次数据服务号加 1，响应帧的服务号与命令帧相同。读寄存器响应帧格式见表 8-9，要从响应帧解析出返回数据，可先判断头标识和命令码正确，结束码为 0 代表读取数据成功，用长度值减去 22 个固定字节数就是收到数据的字节数，从接收缓冲区第 30个字节（从 0 算起）开始就是读取到的数据。

表 8-8　读寄存器命令帧格式

名称			内容（HEX）	说明
头标识			46494E53	ASCII 码：FINS
长度			0000001A	后续字节数为 26
命令码			00000002	FINS 帧
错误码			00000000	正常
FINS 帧		ICF	80	发送接收标志，0x80—发送报文，0xC0—响应报文
		RSV	00	固定值
		GCT	02	固定值
		DNA	00	目标网络号，0x00—本网络，0x01～0x7F—远程网络
		DA1	03	目标节点号
		DA2	00	目标单元号
		SNA	00	源网络号
		SA1	08	源节点号，IP 地址末位
		SA2	00	源单元号
		SID	00	服务号任意
		Command code	0101	读寄存器
		I/O Memory area code	82	0x82—DM 区 Word，0x02—DM 区 Bit 0x80—CIO 区
		Beginning address	0064 00	字起始地址 D100+位起始地址 00
		NO. of items	0012	读取 18 个字

表 8-9　读寄存器响应帧格式

名称			内容（HEX）	说明
头标识			46494E53	ASCII 码：FINS
长度			0000001A	后续字节数为 58
命令码			00000002	FINS 帧
错误码			00000000	正常
FINS 帧		ICF	C0	发送接收标志，0x80—发送报文，0xC0—响应报文
		RSV	00	固定值
		GCT	02	固定值
		DNA	00	目标网络号，0x00—本网络，0x01～0x7F—远程网络
		DA1	08	目标节点号
		DA2	00	目标单元号
		SNA	00	源网络号
		SA1	03	源节点号，IP 地址末位
		SA2	00	源单元号
		SID	00	服务号同发来报文服务器号
		Command code	0101	读寄存器
		End code	0000	结束码为 0x0000，读取数据成功
		Data	XXXX......XXXX	18 组数据

　　写寄存器命令帧格式见表 8-10，写寄存器响应帧格式见表 8-11，写寄存器后检查响应帧结束码是否为 0，不为 0 可重新再写一次，重写时服务号不变。

表 8-10　写寄存器命令帧格式

名称		内容（HEX）	说明
头标识		46494E53	ASCII 码：FINS
长度		0000001E	后续字节数为 30
命令码		00000002	FINS 帧
错误码		00000000	正常
FINS 帧	ICF	80	发送接收标志，0x80—发送报文，0xC0—响应报文
	RSV	00	固定值
	GCT	02	固定值
	DNA	00	目标网络号，0x00—本网络，0x01~0x7F—远程网络
	DA1	03	目标节点号
	DA2	00	目标单元号
	SNA	00	源网络号
	SA1	08	源节点号，IP 地址末位
	SA2	00	源单元号
	SID	00	服务号任意
	Command code	0102	写寄存器
	I/O Memory area code	82	0x82—DM 区 Word，0x02—DM 区 Bit 0x80—CIO 区
	Beginning address	0064 00	字起始地址 D100+位起始地址 00
	NO. of items	0002	写入 4 个字
	Data	XXXX XXXX	待写入数据

表 8-11　写寄存器响应帧格式

名称		内容（HEX）	说明
头标识		46494E53	ASCII 码：FINS
长度		0000001C	后续字节数为 28
命令码		00000002	FINS 帧
错误码		00000000	正常
FINS 帧	ICF	C0	发送接收标志，0x80—发送报文，0xC0—响应报文
	RSV	00	固定值
	GCT	02	固定值
	DNA	00	目标网络号，0x00—本网络，0x01~0x7F—远程网络
	DA1	08	目标节点号
	DA2	00	目标单元号
	SNA	00	源网络号
	SA1	03	源节点号，IP 地址末位
	SA2	00	源单元号
	SID	00	服务号同发来报文服务器号
	Command code	0102	写寄存器
	End code	0000	结束码为 0x0000，写入数据完成

8.2.2 上位机通过网络接口监控 PLC 示例

（1）PLC 网络接口参数设定

从 IO 表和单元设置进入 CJ2M-EIP21 单元设置界面，查看 FINS/TCP 参数界面见图 8-4，TCP 端口为缺省 9600，有 16 个 TCP 连接可编辑，默认为服务器。

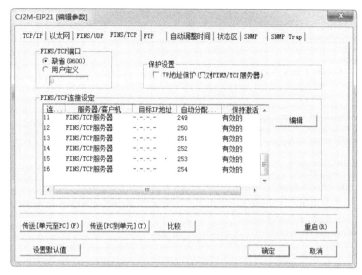

图 8-4　CJ2M-EIP21 FINS/TCP 参数设置界面

（2）上位机软件编程

以第 6 章 6.4 中"通信单元应用示例"项目为例，用上位机通过网络接口监控 PLC，监控软件用 VB.NET 编写，软件界面相同，不同之处在于使用网络 FINS/TCP 通信协议，具体程序代码如下。

```
Option Explicit On   '显式声明
Imports System.Threading              '使用 Thread 所引用的命名空间
Imports System.Net.Sockets
Public Class Form1
    Dim tcpClient As TcpClient
    Dim netStream As NetworkStream
    Dim th As Threading.Thread

    Dim rbuf(200) As Byte             '接收缓冲区
    Dim tbuf() As Byte                '发送缓冲区
    Dim CRC As UInt16                 '校验值
    Dim Sta As String                 '连接状态显示
    Dim Link As Boolean               '设备已登录
    Dim Net As Boolean                '已连接服务器
    Dim WR As Boolean                 '写使能
    Dim Set0 As Int16                 '系统启停设定
    Dim Set1 As Single                '设定流量值

    Dim Dat0 As Int16                 '系统起停返回值
    Dim Dat1 As Single                '设定流量返回值
    Dim Dat2 As Single                '变频器频率
```

```vb
        Dim Dat3 As Single                      '变频器电流
        Dim Dat4 As Int16                       '变频器故障码
        Dim Dat5 As Int16                       '电动阀状态位
        Dim Dat6 As Single                      '出口压力
        Dim Dat7 As Single                      '实际流量
        Dim Dat8 As ULong                       '累积量实时值
        Dim Dat9 As ULong                       '累积量底数
        Dim Dat10 As ULong                      '本次供液量

    '连接物联网
    Private Sub tcpNet()
        Try
            tcpClient = New TcpClient("192.168.250.3", 9600)     '连接 PLC
            netStream = tcpClient.GetStream                          '定义数据流
            th = New System.Threading.Thread(New System.Threading.ThreadStart
(AddressOf MyListen))
            th.Start()                          '开始新线程，接收数据
            If tcpClient.Connected Then
                Sta = "已连接 PLC"
                Net = True
            End If
        Catch ex As Exception
            Sta = "未连接 PLC"
        End Try
    End Sub
    '接收数据
    Private Sub MyListen()
        Dim m As Int16
        Try
            While True
                If tcpClient.Available Then
                    m = netStream.Read(rbuf, 0, 200)
                    If m > 1 Then
                        If (rbuf(11) = &H1) And (rbuf(15) = &H0) Then
                            Link = True '收到特征字符，已和 PLC 建立通信连接
                            Sta = "已建立 FINS/TCP 连接"
                        End If
                        If (rbuf(26) = 1) And (rbuf(27) = 1) And (rbuf(29) = 0) Then
                            Dat0 = 256 * rbuf(30) + rbuf(31)
                            Dat2 = (256 * rbuf(38) + rbuf(39)) / 10     '转换数据
                            Dat3 = (256 * rbuf(40) + rbuf(41)) / 10
                            Dat4 = 256 * rbuf(42) + rbuf(43)
                            Dat5 = 256 * rbuf(44) + rbuf(45)
                            rbuf(0) = rbuf(47)                  '数据大小端交换
                            rbuf(47) = rbuf(46)
                            rbuf(46) = rbuf(0)
                            rbuf(0) = rbuf(49)
                            rbuf(49) = rbuf(48)
                            rbuf(48) = rbuf(0)
                            Dat6 = BitConverter.ToSingle(rbuf, 46)  '转换为浮点数
                            rbuf(0) = rbuf(51)
                            rbuf(51) = rbuf(50)
                            rbuf(50) = rbuf(0)
```

```vb
                                    rbuf(0) = rbuf(53)
                                    rbuf(53) = rbuf(52)
                                    rbuf(52) = rbuf(0)
                                    Dat7 = BitConverter.ToSingle(rbuf, 50)
                                    Dat8 = 256 * 256 * 256 * CLng(rbuf(56)) + 256 * 256 *
CLng(rbuf(57)) + 256 * CLng(rbuf(54)) + CLng(rbuf(55))
                                    Dat10 = 256 * 256 * 256 * CLng(rbuf(64)) + 256 * 256 *
CLng(rbuf(65)) + 256 * CLng(rbuf(62)) + CLng(rbuf(63))
                                Sta = "收到数据"
                            End If
                            If (rbuf(26) = 1) And (rbuf(27) = 2) And (rbuf(29) = 0) Then
                                WR = False    '写入完成
                                Sta = "写入数据完成"
                            End If
                        End If
                    End If
                End While
        Catch ex As Exception
            Sta = "状态：接收数据失败"
            tcpClient.Close()
        End Try
    End Sub
    'CRC 校验：Dat-待校验数组   sn-开始序号   bn-校验字节数
    Function CrcVB(ByVal Dat() As Byte, ByVal sn As Integer, ByVal bn As Integer)
As Integer
        Dim i As Integer
        Dim j As Integer
        Dim CrcDat As UInt16
        CrcDat = &HFFFF
        For i = sn To sn + bn - 1
            CrcDat = CrcDat Xor Dat(i)
            For j = 1 To 8
                If ((CrcDat And 1) = 1) Then
                    CrcDat = CrcDat \ 2
                    CrcDat = CrcDat Xor &HA001
                Else
                    CrcDat = CrcDat \ 2
                End If
            Next j
        Next i
        CrcVB = CrcDat
    End Function
    '程序初始化
    Private Sub Form1_Load(sender As Object, e As EventArgs) Handles Me.Load
        Sta = "准备连接 PLC"
        Link = False
        Net = False
        ToolStripStatusLabel1.Text = Sta
    End Sub
    '1s 定时
    Private Sub Timer1_Tick(sender As Object, e As EventArgs) Handles Timer1.Tick
        Dim f(3) As Byte
        If Net Then
            If Link Then
                If WR Then
```

```
                    Set1 = CSng(TextBox1.Text.ToString)      '流量设定
                    f = BitConverter.GetBytes(Set1)          '浮点数转字节
                    ReDim tbuf(41)                                      '读取 D100～D117 数据
                    tbuf = {&H46, &H49, &H4E, &H53, &H0, &H0, &H0, &H22, &H0, &H0,
                        &H0, &H2, &H0, &H0, &H0, &H0, &H80, &H0, &H2, &H0,
                        &H3, &H0, &H0, &H8, &H0, &H0, &H1, &H2, &H82, &H0,
                        &H64, &H0, &H0, &H4, &H0, CByte(Set0), &H0, &H0, f(1), f(0),
                        f(3), f(2)}
                    Try
                        netStream.Write(tbuf, 0, 42)          '组织数据 fx
                        netStream.Flush()                     '发送数据
                    Catch ex As Exception
                        Sta = "发送数据失败 2"
                    End Try
                Else
                    ReDim tbuf(33)                                      '读取 D100～D117 数据
                    tbuf = {&H46, &H49, &H4E, &H53, &H0, &H0, &H0, &H1A, &H0, &H0,
                        &H0, &H2, &H0, &H0, &H0, &H0, &H80, &H0, &H2, &H0,
                        &H3, &H0, &H0, &H8, &H0, &H0, &H1, &H1, &H82, &H0,
                        &H64, &H0, &H0, &H12}
                    Try
                        netStream.Write(tbuf, 0, 34)          '组织数据 fx
                        netStream.Flush()                     '发送数据
                    Catch ex As Exception
                        Sta = "发送数据失败 3"
                    End Try

                End If
            Else
                ReDim tbuf(19)                                    'FINS 连接
                tbuf = {&H46, &H49, &H4E, &H53, &H0, &H0, &H0, &HC, &H0, &H0,
                    &H0, &H0, &H0, &H0, &H0, &H0, &H0, &H0, &H0, &H8}
                Try
                    netStream.Write(tbuf, 0, 20)          '组织数据 fx
                    netStream.Flush()                     '发送数据
                Catch ex As Exception
                    Sta = "发送数据失败 1"
                End Try
            End If
        Else
            tcpNet()    '未连接 PLC 时连接 PLC
        End If


        ToolStripStatusLabel1.Text = Sta  '显示连接状态
        Label5.Text = Format(Dat2, "0.0") + " Hz" '显示数据
        Label6.Text = Format(Dat3, "0.0") + " A"
        Label7.Text = "故障码: " + Dat4.ToString
        Label8.Text = Format(Dat6, "0.00") + " MPa"
        Label10.Text = Format(Dat7, "0.00") + " m3/m"
        Label19.Text = Dat10.ToString + "m3"
        Label15.Text = Dat8.ToString + "m3"
```

```
        End Sub
        '关闭程序时断开连接
        Private Sub Form1_FormClosing(ByVal sender As Object, ByVal e As
    System.Windows.Forms.FormClosingEventArgs) Handles Me.FormClosing
            If tcpClient.Connected Then tcpClient.Close()
        End Sub
        '启停控制按钮
        Private Sub Button1_Click(sender As Object, e As EventArgs) Handles
    Button1.Click
            If Set0 = 0 Then
                Set0 = 1
                Button1.Text = "停 止"
            Else
                Set0 = 0
                Button1.Text = "启 动"
            End If
            WR = True
        End Sub
        '改变设定流量后写入新值
        Private Sub TextBox1_TextChanged(sender As Object, e As EventArgs) Handles
    TextBox1.TextChanged
            WR = True
        End Sub
    End Class
```

第 9 章

欧姆龙 PLC 综合应用实例

本章以某型号压裂液配液装置 PLC 控制系统设计为例，讲解 PLC 各单元的综合应用以及 PLC 间的协调控制。压裂液是指由多种添加剂按一定配比形成的非均质不稳定的化学体系，是对油气层进行压裂改造时使用的工作液。压裂液配液装置的控制部分按工作流程分输料系统、基液配制和液体添加 3 部分，这 3 部分的控制系统各自独立又相互联系，共同构成完整的控制系统。

9.1 控制方案

9.1.1 控制要求

（1）工艺流程

该压裂液配液装置按功能分输料系统、基液配制和液体添加 3 部分，以 2 个撬装的方式组装，配液撬装安装有基液配制部分和控制室，液添撬装安装了输料系统和液体添加系统，两个撬装有独立的 PLC 控制系统，通过以太网交换数据、协同工作。由于是新设计项目，首先和项目中的工艺、设备工程师结合，了解项目工艺流程、设备选用和操作要求等情况，商讨工艺过程控制逻辑，制定初步的控制方案，最终方案要经过试验和测试逐步完善。

压裂液配液装置工艺流程见图 9-1，该装置用 2 个水泵分两路进水，粉料为胍胶粉，通过真空输料装置吸入粉仓，给粉装置根据本路水泵的流量按配比落粉，然后依靠射流装置产生的负压和水充分混合，经熟化泵带动的快速熟化装置进入熟化罐，排液泵负责排出熟化罐内的混合液，排液的同时会根据需要按比例添加不同的液体添加剂。

操作时先设定好处理量和配比等参数，调节射流伺服位置、启动熟化泵、启动输料系统，开进水调节阀，启动水泵，调节水泵频率，使水量稳定在预定流量，当熟化罐液位达到 25% 时启动排液泵，并保证液位稳定在 30%，当进水量达到设定的前清水量时启动给粉和液添，开始加粉料和液添料，通过出口电动阀和变频频率调节加料量，满足配比要求。当处理量要完成时，提高加料和给粉速度，达到预定量时停止加料和加粉，水量达到预定量时，停止水泵，关闭阀门，延时 1min 停止熟化泵，熟化罐液位接近 5% 时关闭排液泵，工作结束。

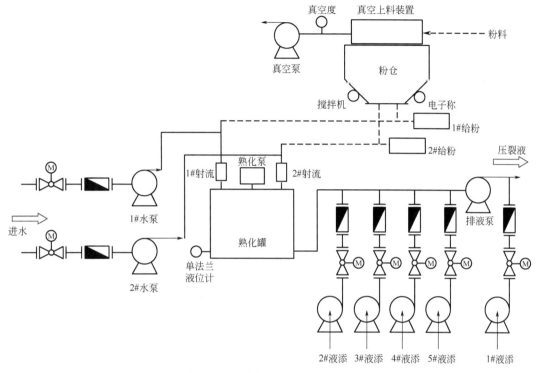

图 9-1　压裂液配液装置工艺流程

（2）工艺、设备参数

① 配液速度　2 路进水，每路最大 4m³/min ，合计处理量 480m³/h（8m³/min）。

② 水粉配比　0.1～1%，常用 0.5%，单路下粉速度：20kg/min，最大 25kg/min。

③ 射流压力　根据流量用伺服调节射流装置内部结构相对位置，用以产生较大的负压，压力可达到 −0.09MPa～−0.1MPa。

④ 液体添加剂　添加速度：2～40kg/min，按配比自动调节，其中 1#液添用于添加有增稠功能的添加剂，防止在泵入口添加时产生堵塞。

⑤ 熟化罐　体积：6.5m³，全速配液时，不到 1min 就会满罐。

⑥ 料仓　体积：200L，全速配液时，满仓时最大配液量情况下够用 5min。

⑦ 流量计　流量计均为电磁流量计，流量计参数设置见表 9-1，其中管道口径出厂已设置好，量程参考流量计测量范围及实际应用范围设定，进水流量计通信接入配液 PLC，液添流量计通信接入液添 PLC，不同 RS-485 总线上的从机通信地址分别设置，可以重复。

表 9-1　流量计参数设置

序号	名称	管道口径	测量范围	量程设置	通信地址
1	1#进水	DN200	0.5～22.5m³/min	10 m³/min	1
2	2#进水	DN200	0.5～22.5m³/min	10 m³/min	2

序号	名称	管道口径	测量范围	量程设置	通信地址
3	1#液添	DN25	2.4～80L/min	80 L/min	1
4	2#液添	DN25	2.4～80L/min	80 L/min	2
5	3#液添	DN40	7.3～125L/min	120 L/min	3
6	4#液添	DN80	80.4～3300L/min	3000 L/min	4
7	5#液添	DN65	20～450L/min	450 L/min	5

⑧ 电动机参数　电动机参数见表 9-2，搅拌电动机用接触器控制启停，空压机用软启动控制启停，其余电动机都用变频器驱动。

表 9-2　电动机参数

序号	名称	额定功率	额定电流	额定转速	备注
1	1#液添	1.5kW	3.7A	1400r/min	变频
2	2#液添	1.5kW	3.7A	1400r/min	变频
3	3#液添	2.2kW	5A	1430r/min	变频
4	4#液添	15kW	28A	2930r/min	变频
5	5#液添	5.5kW	13A	960r/min	变频
6	排液泵	45kW	85A	1480r/min	变频
7	1#水泵	55kW	135A	1450r/min	变频
8	2#水泵	55kW	135A	1450r/min	变频
9	熟化泵	75kW	150A	960r/min	变频
10	1#搅拌	1.1kW	2.8A	1400r/min	接触器控制
11	2#搅拌	1.1kW	2.8A	1400r/min	接触器控制
12	1#给粉	1.1kW	2.8A	1400r/min	变频
13	2#给粉	1.1kW	2.8A	1400r/min	变频
14	真空泵	15kW	29.3A	1460r/min	软启动

⑨ 其他仪表　单法兰液位计量程 1.5m，两线制接线。真空度量程－0.1MPa，两线制接线。电子秤量程 762kg，24V 供电，4～20mA 输出。

9.1.2　控制逻辑

（1）输料系统

输料系统由真空泵和真空输料装置组成，真空输料装置内部分两路输料，每路由进料阀、放料阀和反吹阀组成，每路的进料阀是 2 个，分别布置在管路出入口，进料阀打开，粉料在真空吸力作用下进入输料装置，关闭进料阀，打开放料阀，粉料落入粉仓，如此循环几次，在放料时打开反吹阀，将出口滤网上的粉料吹落入粉仓，防止粉料堵塞影响真空度。两路输料交替进行，能提高输料效率，真空输料装置内部气动阀动作顺序示意图见图 9-2，每个循环时间为 18s，动作执行过程中，两路进料阀交替打开，1#先打开，2#在 1#关闭前 1s 打开，1#在 2#关闭前 1s 打开，有个同时打开 1s 的过程，放料阀在本路吸料阀关闭 1s 后才能打开，反吹在放料时进行，可设定几个循环反吹 1 次，不是每个循环都反吹。

图 9-2　真空输料装置内部气动阀动作顺序示意图

用电子秤计量粉仓内粉量，接近空仓时启动输料系统，接近满仓时停止输料系统。启动输料系统后，两路的吸料阀和放料阀都打开，启动真空泵，延时 10s 后装置的气动阀开始按顺序动作，开始输料。

（2）基液配制

根据配液速度调节伺服位置，伺服位置与配液速度对应关系见表 9-3，启动熟化泵，打开水泵进口调节阀，启动水泵，调节变频频率，使流量稳定在设定配液速度。当水箱液位达到 25%时启动排液泵，排液泵会自动控制液位在设置值附近。

表 9-3　伺服位置与配液速度对应关系

配液速度 x/（m^3/min）	$x \leqslant 2$	$2 < x \leqslant 2.5$	$2.5 < x \leqslant 3$	$3 < x \leqslant 3.5$	$3.5 < x \leqslant 4$
伺服挡位	10	9	7	4	1

当进水量达到设定的前清水量后启动给粉进行配液，同时启动搅拌电动机，使粉仓内粉料均匀顺畅下粉，根据配比调节给粉变频频率，使下粉量满足配比要求。当进水量接近设定的配液总量时停止下粉，用清水冲洗射流装置和熟化装置，达到后清水量后停止进水同时关闭调节阀门，完成基液配制。

（3）液添控制

配比设为 0 的液添不会启动，对于配比设定不为 0 的液添，启动给粉的同时打开出口调节阀，启动液添并调节变频频率，使流量满足配比要求。

9.2　控制系统设计

9.2.1　电气原理图

电气主回路原理图见图 9-3，分基液配制、液体添加和输料系统 3 部分，其中基液配制、液体添加装置中的电动机都使用变频器调速，输料系统的真空泵使用了软启动装置，料仓上的搅拌电动机用接触器控制。

电气控制回路示意图见图 9-4，只是简单示意了 PLC 硬件组合关系及每个单元都接了哪些输入/输出点。基液撬上的交换机连接了触摸屏和两个 PLC 的网口，触摸屏可同时监控两个 PLC，两个 PLC 间也可互相通信。

基液撬上的 PLC 控制系统使用的电源单元为 CJ1W-PA202、CPU 单元为 CJ2M-CPU31，串行通信单元 SCU31-V1 的串口 1 接 2 个流量计和 3 个变频器，串口 2 接 2 个控制射流器的伺服装置，16 路数字量输出单元 CJ1W-OC211 使用了其中的 4 路输出，通过中间继电器分别控制报警器、1#水泵变频、2#水泵变频和熟化泵变频的启停，8 路模拟量输入单元 CJ1W-AD081-V1 接入的 3 路模拟量输入分别是 1#调节阀阀位反馈、2#调节阀阀位反馈和熟化罐液位，8 路模拟量输出单元 CJ1W-DA08C 接入的 3 路模拟量输出分别是 1#调节阀阀位控制、2#调节阀阀位控制和熟化泵变频速度。

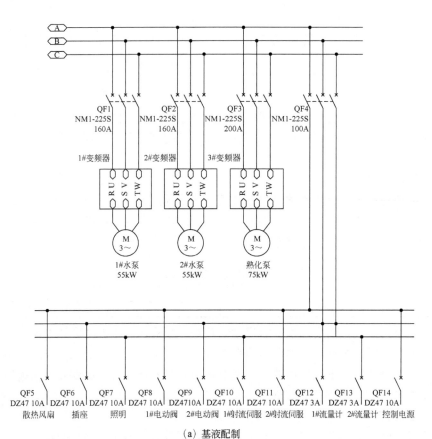

(a) 基液配制

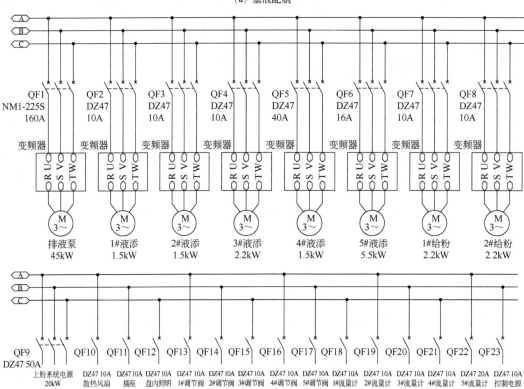

(b) 液体添加

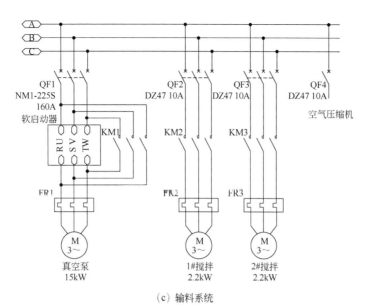

（c）输料系统

图 9-3　电气主回路原理图

液添撬上的 PLC 控制系统使用的电源单元为 CJ1W-PA202、CPU 单元为 CJ2M-CPU31、串行通信单元 SCU31-V1 的串口 1 接 8 个变频器，串口 2 接 5 个流量计，16 路数字量输入单元 CJ1W-ID211 使用了其中的 3 路输入，接的是真空泵、1#搅拌和 2#搅拌的热继电器报警接点，16 路数字量输出单元 CJ1W-OC211 通过中间继电器分别控制 5 个液添、1 个排液和 2 个给粉变频的启停，另外 8 路控制输料系统的真空泵、搅拌和 6 个电磁阀，两个搅拌电动机同时启停，共用 1 路输出，8 路模拟量输入单元 CJ1W-AD081-V1 接入的 7 路模拟量输入分别是 5 个调节阀阀位反馈、真空度和电子秤，8 路模拟量输出单元 CJ1W-DA08C 接入的 8 路模拟量输出分别是 5 个调节阀阀位控制、2 个给粉变频和 1 个排液变频的速度控制。

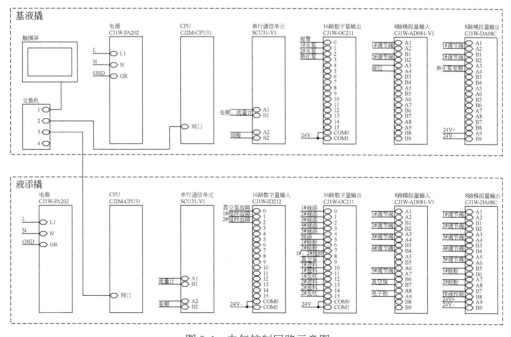

图 9-4　电气控制回路示意图

9.2.2　硬件组态

将基液撬和液添撬内 PLC 各单元按电气控制回路原理图中的顺序组合完毕,打开 PLC 编程软件 CX-Programmer,新建工程,进入"IO 表和单元设置"进行 PLC 硬件组态。打开触摸屏编辑软件 CX-Designer,新建项目,进入通信设置,添加两个 PLC 为主机。

(1) 基液 PLC

基液 PLC IO 表和单元设置步骤如下。

① 打开"IO 表和单元设置",建立如图 9-5 所示的基液 PLC IO 表,添加了串行通信单元、数字输出单元、模拟量输入单元和模拟量输出单元。

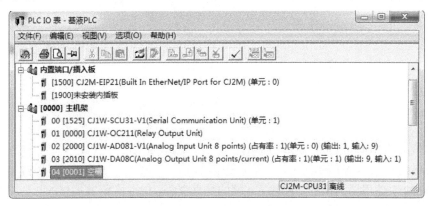

图 9-5　基液 PLC IO 表

② 基液 CPU 以太网参数设置见图 9-6,IP 地址设为:192.168.250.3,同时将 CPU 上的单元号调整为 0,节点号调整为 3。

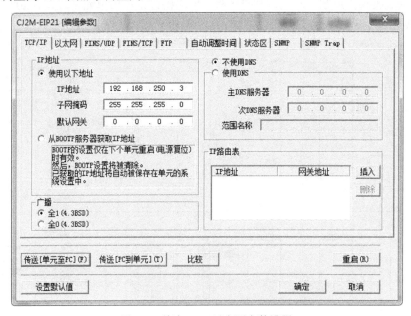

图 9-6　基液 CPU 以太网参数设置

③ 基液串行通信单元串口 1 参数设置见图 9-7,工作模式为协议宏,通信参数为:9600, n,8,1,和通信对象(流量计和变频器)通信参数一致。

图 9-7 基液串行通信单元串口 1 参数设置

④ 基液串行通信单元串口 2 参数设置见图 9-8,工作模式为协议宏,通信参数为:9600,e,8,1,注意伺服装置通信参数中校验为偶校验。

图 9-8 基液串行通信单元串口 2 参数设置

⑤ 基液模拟量输入单元参数设置见图 9-9,对在用的前 3 路输入通道使能,并设置输入信号类型为 4~20mA,其他通道保持默认的禁用状态。将模拟量输入单元的单元号调整为 0。

图 9-9　基液模拟量输入单元参数设置

　　⑥ 基液模拟量输出单元参数设置见图 9-10，对在用的前 3 路输出通道使能，输出信号不用修改，只支持 4～20mA，其他通道保持默认的禁用状态。将模拟量输出单元的单元号调整为 1。

图 9-10　基液模拟量输出单元参数设置

　　⑦ 用 USB 接口连接 PLC，基液 PLC IO 表传送见图 9-11，单击"选项"→"传送到 PLC"，传送完成会提示传送成功。

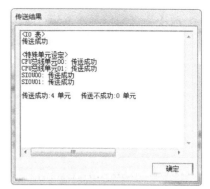

(a) 传送到 PLC   (b) 传送结果

图 9-11   基液 PLC IO 表传送

（2）液添 PLC

液添 PLC IO 表和单元设置步骤如下。

① 打开"IO 表和单元设置"，建立如图 9-12 所示的液添 PLC IO 表，添加了串行通信单元、数字输入单元、数字输出单元、模拟量输入单元和模拟量输出单元。

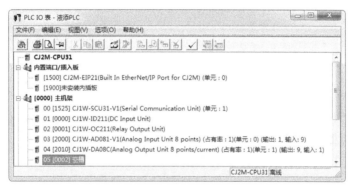

图 9-12   液添 PLC IO 表

② 液添 CPU 以太网参数设置见图 9-13，IP 地址设为：192.168.250.4，同时将 CPU 上的单元号调整为 0，节点号调整为 4。

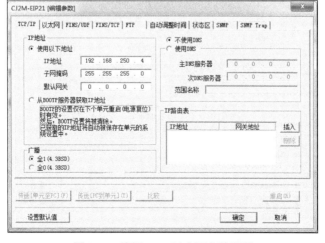

图 9-13   液添 CPU 以太网参数设置

③ 液添串行通信单元串口 1 参数设置见图 9-14，工作模式为协议宏，通信参数为：9600，n，8，1，和变频器通信参数一致。

图 9-14　液添串行通信单元串口 1 参数设置

④ 液添串行通信单元串口 2 参数设置见图 9-15，工作模式为协议宏，通信参数为：9600，n，8，1，和流量计通信参数一致。

图 9-15　液添串行通信单元串口 2 参数设置

⑤ 液添模拟量输入单元参数设置见图 9-16，对在用的前 7 路输入通道使能，并设置输入信号类型为4～20mA。将模拟量输入单元的单元号调整为 0。

图 9-16　液添模拟量输入单元参数设置

⑥ 液添模拟量输出单元参数设置见图 9-17，使能输出通道。将模拟量输出单元的单元号调整为 1。

图 9-17　液添模拟量输出单元参数设置

⑦ 用 USB 接口连接 PLC，将液添 PLC IO 表传送到液添 PLC。

（3）触摸屏通信设置

触摸屏通信设置见图 9-18，触摸屏以太网 IP 地址设为：192.168.250.2，主机不使用串口 A 和串口 B，添加 2 个以太网接口主机，其中基液主机 IP 地址为：192.168.250.3，液添主机 IP 地址为：192.168.250.4。

（a）触摸屏以太网设置

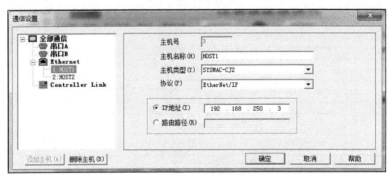

（b）基液主机通信设置

（c）液添主机通信设置

图 9-18　触摸屏通信设置

输料装置 PLC 程序设计

9.3.1 设备启停控制

输料装置启停控制程序见图 9-19，自动状态由粉重量控制启停，手动状态由触摸屏按钮控制启停，启动时先启动真空泵，建立负压后开始上粉。

图 9-19　输料装置启停控制程序

9.3.2 气动阀顺序动作控制

输料装置气动阀动作程序见图 9-20，真空泵启动时两路进料电磁阀都打开，延时时间到后各阀门按秒计数顺序动作，每 3 个循环反吹 1 次。放料阀的控制是反相的，即失电打开、得电关闭。

■进料阀、放料阀、反吹阀循环自动控制

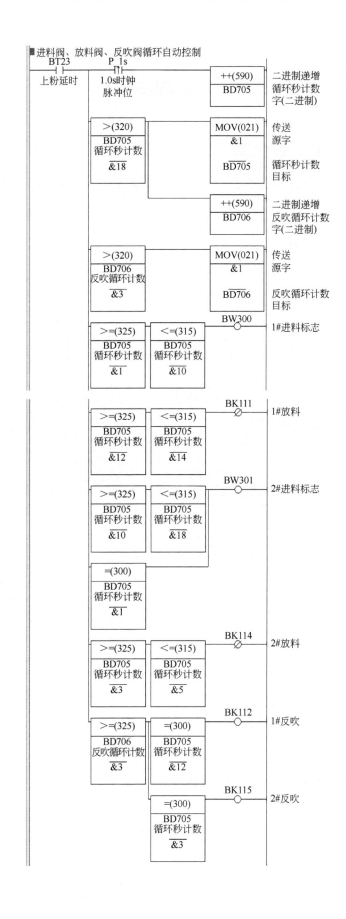

欧姆龙 PLC 编程及应用实例

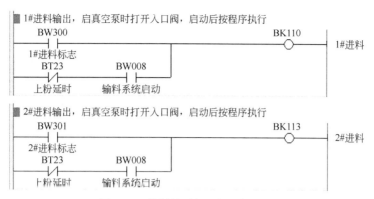

图 9-20 输料装置气动阀动作程序

9.3.3 模拟量采集与转换

输料装置模拟量采集与转换程序见图 9-21，将 0～4000 的采样值按量程转换为测量值。

图 9-21

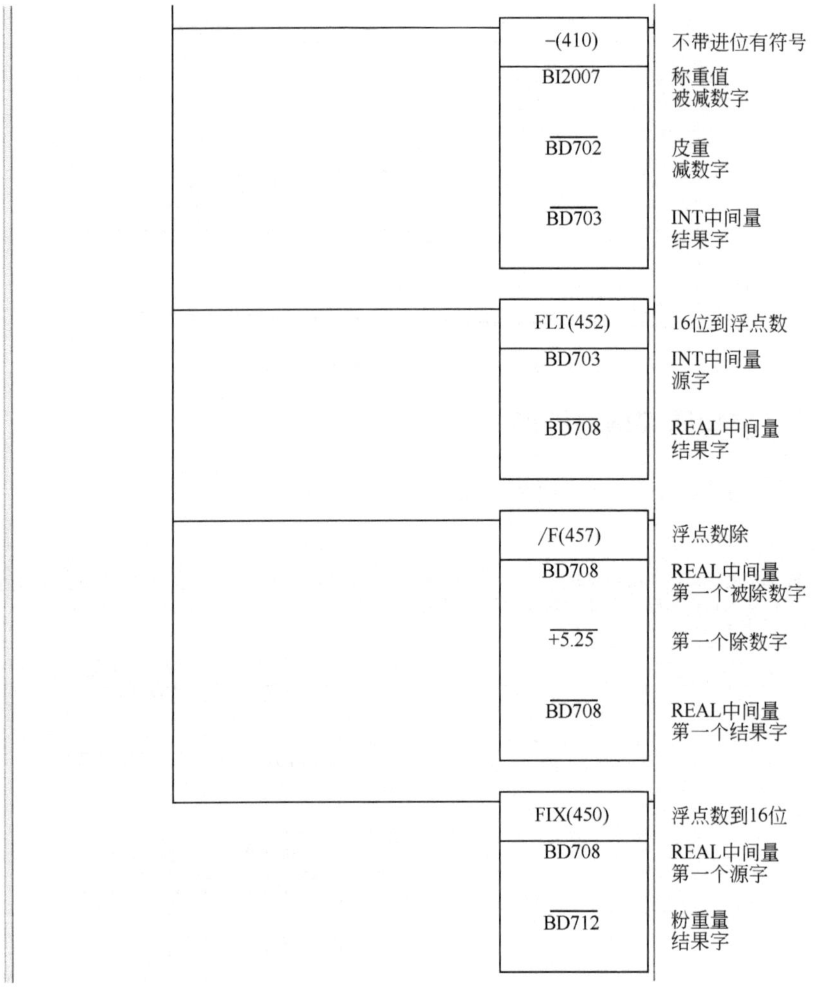
–(410)
BI2007
BD702
BD703
不带进位有符号
称重值
被减数字
皮重
减数字
INT中间量
结果字
FLT(452)
BD703
BD708
16位到浮点数
INT中间量
源字
REAL中间量
结果字
/F(457)
BD708
+5.25
BD708
浮点数除
REAL中间量
第一个被除数字
第一个除数字
REAL中间量
第一个结果字
FIX(450)
BD708
BD712
浮点数到16位
REAL中间量
第一个源字
粉重量
结果字

图 9-21　输料装置模拟量采集与转换程序

9.4 基液 PLC 程序设计

9.4.1　设备启停控制

基液装置设备启停控制程序见图 9-22，控制逻辑见程序中的注释。

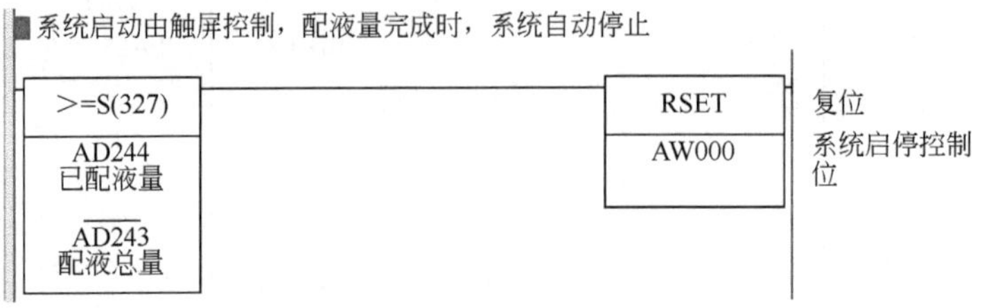
系统启动由触屏控制，配液量完成时，系统自动停止
>=S(327)
AD244
已配液量
AD243
配液总量
RSET
AW000
复位
系统启停控制
位

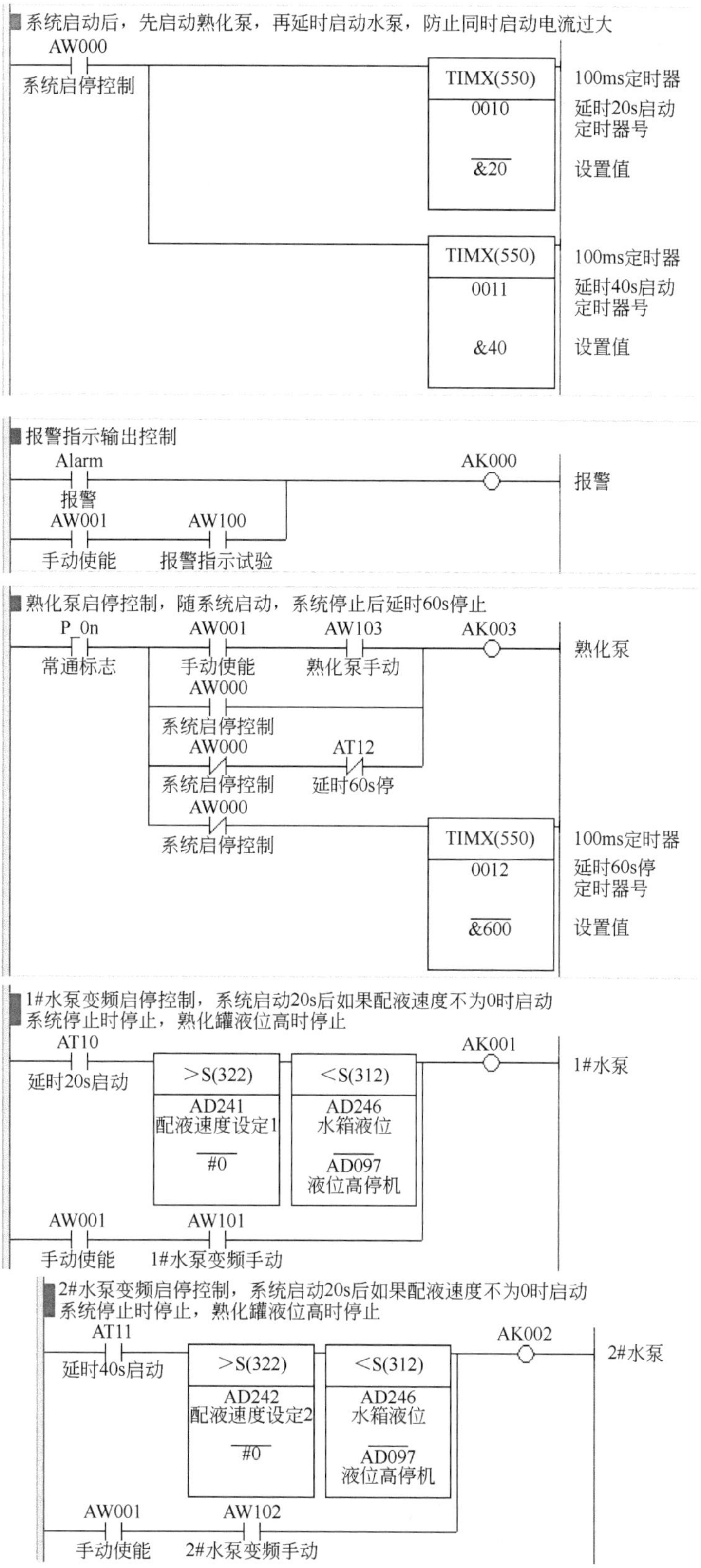
系统启动后，先启动熟化泵，再延时启动水泵，防止同时启动电流过大
AW000
系统启停控制
TIMX(550)
0010
&20
100ms定时器
延时20s启动
定时器号
设置值
TIMX(550)
0011
&40
100ms定时器
延时40s启动
定时器号
设置值
报警指示输出控制
Alarm
报警
AW001
手动使能
AW100
报警指示试验
AK000
报警
熟化泵启停控制，随系统启动，系统停止后延时60s停止
P_0n
常通标志
AW001
手动使能
AW103
熟化泵手动
AK003
熟化泵
AW000
系统启停控制
AW000
系统启停控制
AT12
延时60s停
AW000
系统启停控制
TIMX(550)
0012
&600
100ms定时器
延时60s停
定时器号
设置值
1#水泵变频启停控制，系统启动20s后如果配液速度不为0时启动
系统停止时停止，熟化罐液位高时停止
AT10
延时20s启动
>S(322)
AD241
配液速度设定1
#0
<S(312)
AD246
水箱液位
AD097
液位高停机
AK001
1#水泵
AW001
手动使能
AW101
1#水泵变频手动
2#水泵变频启停控制，系统启动20s后如果配液速度不为0时启动
系统停止时停止，熟化罐液位高时停止
AT11
延时40s启动
>S(322)
AD242
配液速度设定2
#0
<S(312)
AD246
水箱液位
AD097
液位高停机
AK002
2#水泵
AW001
手动使能
AW102
2#水泵变频手动

图 9-22　基液装置设备启停控制程序

9.4.2 串口通信

（1）流量计和变频器串口通信

串行通信单元 SCU31-V1 的串口 1 接 2 个流量计和 3 个变频器，其中 1#水泵流量计的通信地址为 1，2#水泵流量计的通信地址为 2，1#水泵变频器的通信地址为 3，2#水泵变频器的通信地址为 4，熟化泵变频通信地址为 5。

基液装置流量计和变频器通信报文见图 9-23，根据设备通信协议分别编辑发送报文和接收报文，然后用发送报文和接收报文组成报文序列，PLC 程序中调用报文序列时，向水泵变频写入频率控制数据，读取 3 个变频的运行数据，读取 2 个流量计的瞬时流量和累计流量。

基液通信

*	Send Message	Check code <c>	Address <a>	Data
	BPS11	~CRC-16(65535) (2Byte BIN)		[03]+[03]+[00]+[04]+[00]+[03]+<c>
	BPS12	~CRC-16 (65535) (2Byte BIN)	(R(DM 00052),2)	[03]+[06]+[00]+[02]+<a>+<c>
	BPS21	~CRC-16 (65535) (2Byte BIN)		[04]+[03]+[00]+[04]+[00]+[03]+<c>
	BPS22	~CRC-16 (65535) (2Byte BIN)	(R(DM 00062),2)	[04]+[06]+[00]+[02]+<a>+<c>
	BPS31	~CRC-16 (65535) (2Byte BIN)		[05]+[03]+[00]+[04]+[00]+[03]+<c>
	LLJS1	~CRC-16 (65535) (2Byte BIN)		[01]+[10]+[10]+[00]+[0A]+<c>
	LLJS2	~CRC-16 (65535) (2Byte BIN)		[02]+[10]+[10]+[00]+[0A]+<c>

(a) 发送报文

基液通信

*	Receive Message	Check code <c>	Address <a>	Data
	BPR11	~CRC-16(65535) (2Byte BIN)	(W(DM 00054),6)	[03]+[03]+[06]+<a>+<c>
	BPR12	~CRC-16 (65535) (2Byte BIN)	(W(DM 00052),2)	[03]+[06]+[00]+[02]+<a>+<c>
	BPR21	~CRC-16 (65535) (2Byte BIN)	(W(DM 00064),6)	[04]+[03]+[06]+<a>+<c>
	BPR22	~CRC-16 (65535) (2Byte BIN)	(W(DM 00062),2)	[04]+[06]+[00]+[02]+<a>+<c>
	BPR31	~CRC-16 (65535) (2Byte BIN)	(W(DM 00074),6)	[05]+[03]+[06]+<a>+<c>
	LLJR1	~CRC-16 (65535) (2Byte BIN)	(W(DM 00810),20)	[01]+[04]+[14]+<a>+<c>
	LLJR2	~CRC-16 (65535) (2Byte BIN)	(W(DM 00820),20)	[02]+[04]+[14]+<a>+<c>

(b) 接收报文

基液通信

*	Step	Repeat	Command	Retry	Send Wait	Send Message	Recv Message	Response	Next	Error
	00	RSET/001	Send & Receive	0	---	BPS11	BPR11	YES	Next	Next
	01	RSET/001	Send & Receive	0	---	BPS12	BPR12	YES	Next	Next
	02	RSET/001	Send & Receive	0	---	BPS21	BPR21	YES	Next	Next
	03	RSET/001	Send & Receive	0	---	BPS22	BPR22	YES	Next	Next
	04	RSET/001	Send & Receive	0	---	BPS31	BPR31	YES	Next	Next
	05	RSET/001	Send & Receive	0	---	LLJS1	LLJR1	YES	Next	Next
	06	RSET/001	Send & Receive	0	---	LLJS2	LLJR2	YES	End	Abort

(c) 报文序列

图 9-23　基液装置流量计和变频器通信报文

将报文序列传送到串行通信单元，然后在 PLC 编程中调用协议宏指令就可以执行通信过程。基液装置流量计和变频器通信程序见图 9-24，当有多个报文序列时，可定时轮流通信，通信接收的流量计数据大小端与 PLC 数据大小端不一致时，需要交换两个字的顺序，其他数据处理过程与此类似，图中只示意了 1#水泵流量计瞬时量的处理，其他数据处理略去。

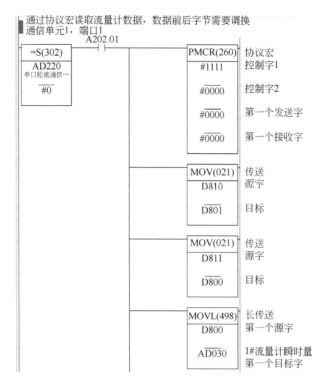

通过协议宏读取流量计数据，数据前后字节需要调换
通信单元1，端口1

图 9-24　基液装置流量计和变频器通信程序

（2）伺服装置串口通信

串口 2 接 2 个控制射流器的伺服装置，通信地址分别设为 1 和 2。基液装置伺服通信报文见图 9-25，伺服装置涉及读状态、寻零、设置工作模式和设置点位等操作，报文内容较多，报文序列也较多。基液装置伺服通信程序见图 9-26，以 1#伺服为例，每轮通信都读取伺服状态，再根据状态控制伺服的动作。

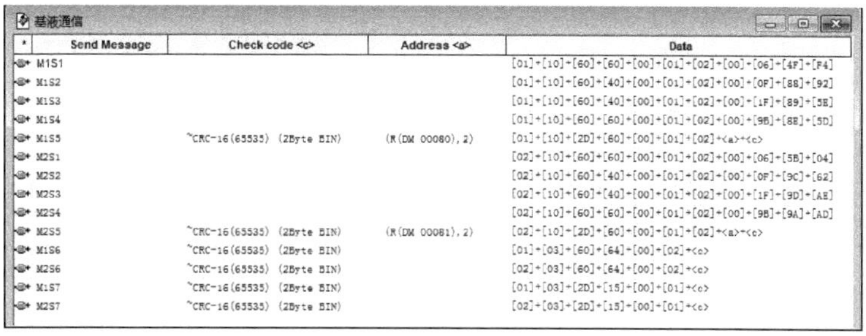

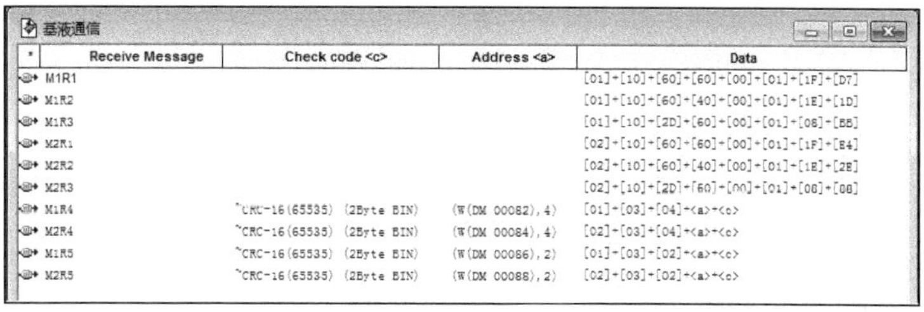

（a）发送报文

（b）接收报文

图 9-25

*	Step	Repeat	Command	Retry	Send Wait	Send Message	Recv Message	Response	Next	Error
	00	RSET/001	Send & Receive	0	---	M1S6	M1R4	YES	Next	Next
	01	RSET/001	Send & Receive	0	---	M2S6	M2R4	YES	Next	Next
	02	RSET/001	Send & Receive	0	---	M1S7	M1R5	YES	Next	Next
	03	RSET/001	Send & Receive	0	---	M2S7	M2R5	YES	End	Abort

(c) 报文序列

*	#	Communication Sequence	Link Word	Control	Response	Timer Tr	Timer Tfr	Timer Tfs
	100	MR	---	Set	Scan	0.1 sec	0.1 sec	0.1 sec
	101	M01	---	Set	Scan	0.1 sec	0.1 sec	0.1 sec
	102	M02	---	Set	Scan	0.1 sec	0.1 sec	0.1 sec
	103	M11	---	Set	Scan	0.1 sec	0.1 sec	0.1 sec
	104	M12	---	Set	Scan	0.1 sec	0.1 sec	0.1 sec
	105	M21	---	Set	Scan	0.1 sec	0.1 sec	0.1 sec
	106	M22	---	Set	Scan	0.1 sec	0.1 sec	0.1 sec

(d) 多组序列

图 9-25　基液装置伺服通信报文

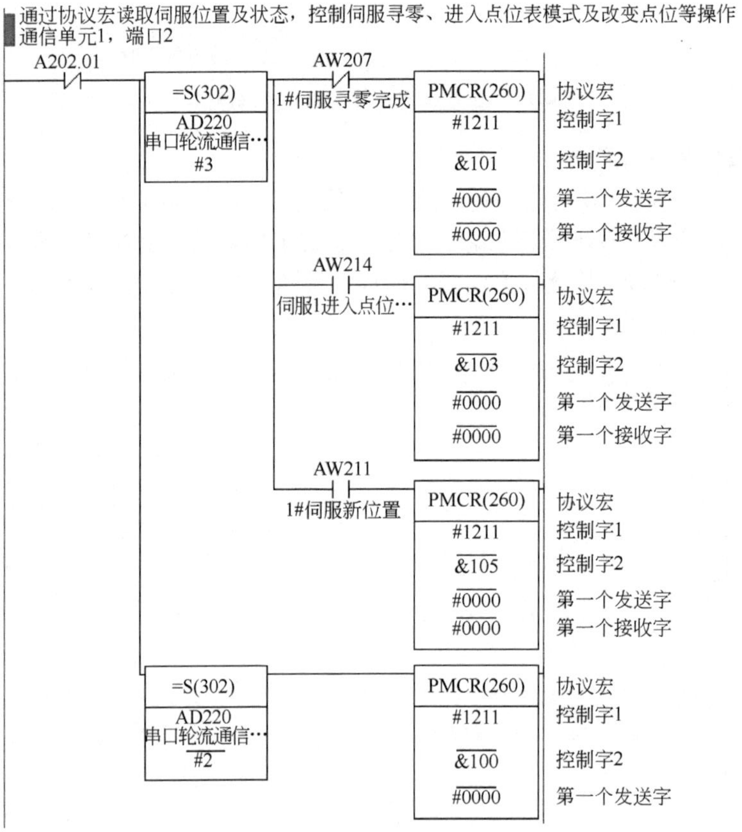

图 9-26　基液装置伺服通信程序

9.4.3　模拟量处理

基液装置模拟量处理程序见图 9-27，

■每秒计算一次调节阀开度反馈值和液位

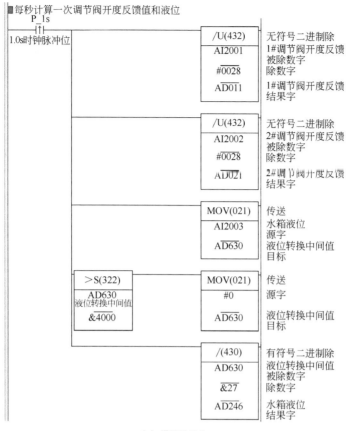

（a）模拟量输入

■模拟量输出

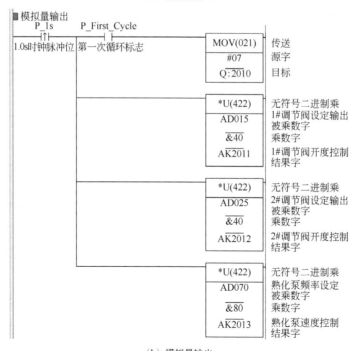

（b）模拟量输出

图 9-27　基液装置模拟量处理程序

9.4.4 网络通信

基液装置需要把系统启停状态、配液速度、配液总量、已配液量、剩余液量和水箱液位等参数通过网络传给液添装置，用于液添装置的同步启停、控制给粉量和液添量、控制排液泵的启停和速度。

基液装置传输给液添装置的数据见图 9-28，保存在从 D240 开始的 7 个字内。基液装置网络通信参数设置见图 9-29，从 D230 开始存放 5 个字的控制字，表示要传输 7 个字到本地网络中远程节点为 4 的液添 PLC。基液装置网络通信发送数据程序见图 9-30，先给待发送数据赋值，然后启动发送，源地址为 D240，目标地址也设为 D240，控制字首地址为 D230。

名称	数据类型	地址 / ...	注释
AD240	UINT	D240	系统状态
AD241	INT	D241	配液速度设定1
AD242	INT	D242	配液速度设定2
AD243	INT	D243	配液总量
AD244	INT	D244	已配液量
AD245	INT	D245	剩余液量
AD246	INT	D246	水箱液位

图 9-28　基液装置传输给液添装置的数据

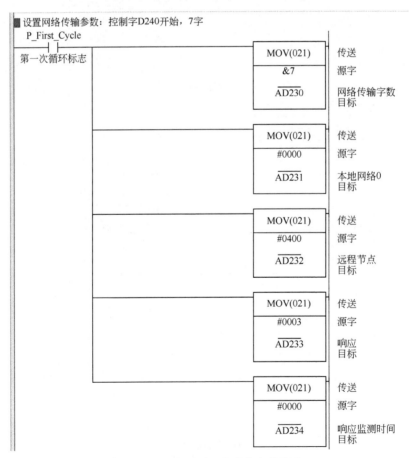

图 9-29　基液装置网络通信参数设置

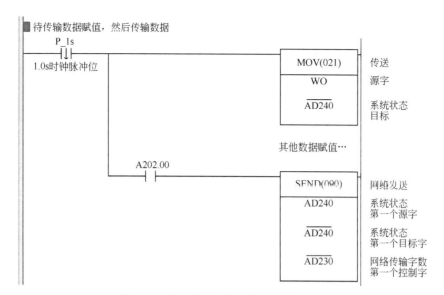

图 9-30　基液装置网络通信发送数据程序

9.4.5　变频器频率控制

熟化泵变频器运行频率值在触摸屏直接输入，转为模拟量输出单元的 4~20mA 信号控制变频器频率。水泵启动后，水泵变频器运行频率经 PID 运算得到，通过串行通信单元传输给变频器，控制水泵变频器运行频率。基液装置水泵速度控制程序见图 9-31，PID 运算中反馈的瞬时流量 1 由串行通信单元与流量计通信获得，和设定的配液速度比较和计算，得到 PID 输出值，PID 参数的首地址是 D900。

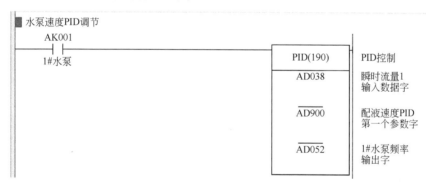

图 9-31　基液装置水泵速度控制程序

9.5　液添 PLC 程序设计

9.5.1　设备启停控制

液添装置设备启停控制程序见图 9-32，液添和给粉只给出了 1#的控制，其他与此类似。

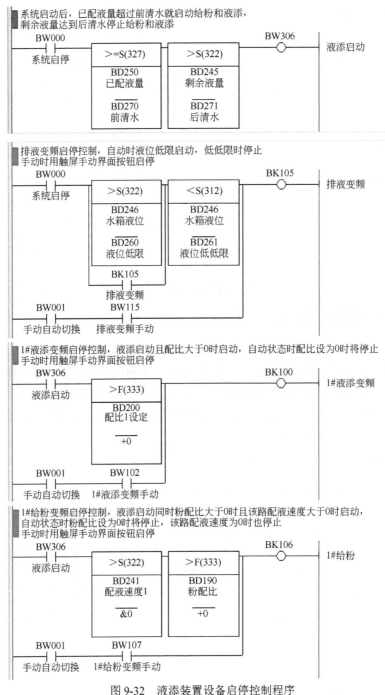

■系统启动后，已配液量超过前清水就启动给粉和液添，
■剩余液量达到后清水停止给粉和液添

■排液变频启停控制，自动时液位低限启动，低低限时停止
■手动时用触屏手动界面按钮启停

■1#液添变频启停控制，液添启动且配比大于0时启动，自动状态时配比设为0时将停止
■手动时用触屏手动界面按钮启停

■1#给粉变频启停控制，液添启动同时粉配比大于0时且该路配液速度大于0时启动，
■自动状态时粉配比设为0时将停止，该路配液速度为0时也停止
■手动时用触屏手动界面按钮启停

图 9-32　液添装置设备启停控制程序

9.5.2　串口通信

串行通信单元 SCU31-V1 的串口 1 接 8 个变频器，串口 2 接 5 个流量计。液添装置变频器通信报文见图 9-33，1#～5#液添变频器通信地址为 1～5，排液泵变频器通信地址为 6，1#、2#给粉变频通信地址为 7、8。液添泵用通信控制频率，排液泵通信控制液位 PID 设定值，给粉变频只读取运行状态，频率由模拟量输出模块控制。液添装置流量计通信报文见

图 9-34，读取 5 个流量计的瞬时流量和累计流量。液添装置串口通信程序见图 9-35，两个端口的通信不能同时启动，分别设为秒脉冲的上升沿和下降沿，间隔 0.5s 启动，每秒完成一次循环通信。

液添通信

*	Send Message	Check code \<c>	Address \<a>	Data
	BPS11	~CRC-16(65535) (2Byte BIN)		[01]+[03]+[00]+[04]+[00]+[03]+\<c>
	BPS12	~CRC-16(65535) (2Byte BIN)	(R(DM 00112),2)	[01]+[06]+[00]+[02]+\<a>+\<c>
	BPS21	~CRC-16(65535) (2Byte BIN)		[02]+[03]+[00]+[04]+[00]+[03]+\<c>
	BPS22	~CRC-16(65535) (2Byte BIN)	(R(DM 00122),2)	[02]+[06]+[00]+[02]+\<a>+\<c>
	BPS31	~CRC-16(65535) (2Byte BIN)		[03]+[03]+[00]+[04]+[00]+[03]+\<c>
	BPS32	~CRC-16(65535) (2Byte BIN)	(R(DM 00132),2)	[03]+[06]+[00]+[02]+\<a>+\<c>
	BPS41	~CRC-16(65535) (2Byte BIN)		[04]+[03]+[00]+[04]+[00]+[03]+\<c>
	BPS42	~CRC-16(65535) (2Byte BIN)	(R(DM 00142),2)	[04]+[06]+[00]+[02]+\<a>+\<c>
	BPS51	~CRC-16(65535) (2Byte BIN)		[05]+[03]+[00]+[04]+[00]+[03]+\<c>
	BPS52	~CRC-16(65535) (2Byte BIN)	(R(DM 00152),2)	[05]+[06]+[00]+[02]+\<a>+\<c>
	BPS61	~CRC-16(65535) (2Byte BIN)		[06]+[03]+[00]+[04]+[00]+[03]+\<c>
	BPS62	~CRC-16(65535) (2Byte BIN)	(R(DM 00162),2)	[06]+[06]+[00]+[02]+\<a>+\<c>
	BPS71	~CRC-16(65535) (2Byte BIN)		[07]+[03]+[00]+[04]+[00]+[03]+\<c>
	BPS81	~CRC-16(65535) (2Byte BIN)		[08]+[03]+[00]+[04]+[00]+[03]+\<c>

（a）发送报文

液添通信

*	Receive Message	Check code \<c>	Address \<a>	Data
	BPR11	~CRC-16(65535) (2Byte BIN)	(W(DM 00114),6)	[01]+[03]+[06]+\<a>+\<c>
	BPR12	~CRC-16(65535) (2Byte BIN)	(W(DM 00112),2)	[01]+[06]+[00]+[02]+\<a>+\<c>
	BPR21	~CRC-16(65535) (2Byte BIN)	(W(DM 00124),6)	[02]+[03]+[06]+\<a>+\<c>
	BPR22	~CRC-16(65535) (2Byte BIN)	(W(DM 00122),2)	[02]+[06]+[00]+[02]+\<a>+\<c>
	BPR31	~CRC-16(65535) (2Byte BIN)	(W(DM 00134),6)	[03]+[03]+[06]+\<a>+\<c>
	BPR32	~CRC-16(65535) (2Byte BIN)	(W(DM 00132),2)	[03]+[06]+[00]+[02]+\<a>+\<c>
	BPR41	~CRC-16(65535) (2Byte BIN)	(W(DM 00144),6)	[04]+[03]+[06]+\<a>+\<c>
	BPR42	~CRC-16(65535) (2Byte BIN)	(W(DM 00142),2)	[04]+[06]+[00]+[02]+\<a>+\<c>
	BPR51	~CRC-16(65535) (2Byte BIN)	(W(DM 00154),6)	[05]+[03]+[06]+\<a>+\<c>
	BPR52	~CRC-16(65535) (2Byte BIN)	(W(DM 00152),2)	[05]+[06]+[00]+[02]+\<a>+\<c>
	BPR61	~CRC-16(65535) (2Byte BIN)	(W(DM 00164),6)	[06]+[03]+[06]+\<a>+\<c>
	BPR62	~CRC-16(65535) (2Byte BIN)	(W(DM 00162),2)	[06]+[06]+[00]+[02]+\<a>+\<c>
	BPR71	~CRC-16(65535) (2Byte BIN)	(W(DM 00174),6)	[07]+[03]+[06]+\<a>+\<c>
	BPR81	~CRC-16(65535) (2Byte BIN)	(W(DM 00184),6)	[08]+[03]+[06]+\<a>+\<c>

（b）接收报文

液添通信

*	Step	Repeat	Command	Retry	Send Wait	Send Message	Recv Message	Response	Next	Error
	00	RSET/001	Send & Receive	0	---	BPS11	BPR11	YES	Next	Next
	01	RSET/001	Send & Receive	0	---	BPS12	BPR12	YES	Next	Next
	02	RSET/001	Send & Receive	0	---	BPS21	BPR21	YES	Next	Next
	03	RSET/001	Send & Receive	0	---	BPS22	BPR22	YES	Next	Next
	04	RSET/001	Send & Receive	0	---	BPS31	BPR31	YES	Next	Next
	05	RSET/001	Send & Receive	0	---	BPS32	BPR32	YES	Next	Next
	06	RSET/001	Send & Receive	0	---	BPS41	BPR41	YES	Next	Next
	07	RSET/001	Send & Receive	0	---	BPS42	BPR42	YES	Next	Next
	08	RSET/001	Send & Receive	0	---	BPS51	BPR51	YES	Next	Next
	09	RSET/001	Send & Receive	0	---	BPS52	BPR52	YES	Next	Next
	10	RSET/001	Send & Receive	0	---	BPS61	BPR61	YES	Next	Next
	11	RSET/001	Send & Receive	0	---	BPS62	BPR62	YES	Next	Next
	12	RSET/001	Send & Receive	0	---	BPS71	BPR71	YES	Next	Next
	13	RSET/001	Send & Receive	0	---	BPS81	BPR81	YES	End	Abort

（c）报文序列

图 9-33　液添装置变频器通信报文

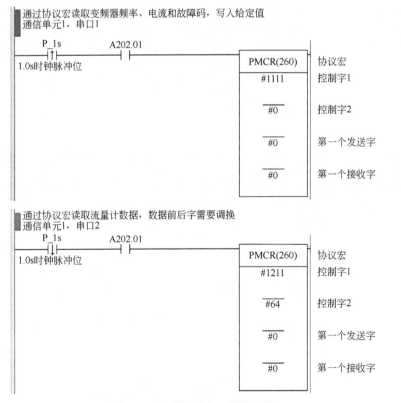

*	Send Message	Check code <c>	Data
LLJS1	~CRC-16(65535)(2Byte BIN)	[01]+[04]+[10]+[10]+[00]+[0A]+<c>
LLJS2	~CRC-16(65535)(2Byte BIN)	[02]+[04]+[10]+[10]+[00]+[0A]+<c>
LLJS3	~CRC-16(65535)(2Byte BIN)	[03]+[04]+[10]+[10]+[00]+[0A]+<c>
LLJS4	~CRC-16(65535)(2Byte BIN)	[04]+[04]+[10]+[10]+[00]+[0A]+<c>
LLJS5	~CRC-16(65535)(2Byte BIN)	[05]+[04]+[10]+[10]+[00]+[0A]+<c>

（a）发送报文

*	Receive Message	Check code <c>	Address <a>	Data
LLJR1	~CRC-16(65535)(2Byte BIN)	(W(DM 00810),20)	[01]+[04]+[14]+<a>+<c>
LLJR2	~CRC-16(65535)(2Byte BIN)	(W(DM 00820),20)	[02]+[04]+[14]+<a>+<c>
LLJR3	~CRC-16(65535)(2Byte BIN)	(W(DM 00830),20)	[03]+[04]+[14]+<a>+<c>
LLJR4	~CRC-16(65535)(2Byte BIN)	(W(DM 00840),20)	[04]+[04]+[14]+<a>+<c>
LLJR5	~CRC-16(65535)(2Byte BIN)	(W(DM 00850),20)	[05]+[04]+[14]+<a>+<c>

（b）接收报文

*	Step	Repeat	Command	Retry	Send Wait	Send Message	Recv Message	Response	Next	Error
	00	RSET/001	Send & Receive	0	---	LLJS1	LLJR1	YES	Next	Next
	01	RSET/001	Send & Receive	0	---	LLJS2	LLJR2	YES	Next	Next
	02	RSET/001	Send & Receive	0	---	LLJS3	LLJR3	YES	Next	Next
	03	RSET/001	Send & Receive	0	---	LLJS4	LLJR4	YES	Next	Next
	04	RSET/001	Send & Receive	0	---	LLJS5	LLJR5	YES	End	Abort

（c）报文序列

图 9-34　液添装置流量计通信报文

通过协议宏读取变频器频率、电流和故障码，写入给定值
通信单元1，串口1

P_1s　　A202.01
┤↑├──────┤ ├─────────────── PMCR(260)　协议宏

#1111　控制字1

#0　控制字2

#0　第一个发送字

#0　第一个接收字

通过协议宏读取流量计数据，数据前后字需要调换
通信单元1，串口2

P_1s　　A202.01
┤↓├──────┤ ├─────────────── PMCR(260)　协议宏

#1211　控制字1

#64　控制字2

#0　第一个发送字

#0　第一个接收字

图 9-35　液添装置串口通信程序

9.5.3 变频器速度控制

（1）给粉变频器

给粉变频器速度控制是直接控制，默认转速和下料的比例是固定的系数，这个系数通过实际标定得到。液添装置给粉速度控制程序见图9-36，根据配液速度和给粉配比计算给粉速度，再转换为给粉变频对应的给定值，手动状态时给定值在触摸屏上直接设置。图中只给出1#给粉变频器的速度控制，2#给粉变频器的速度控制与此类似。

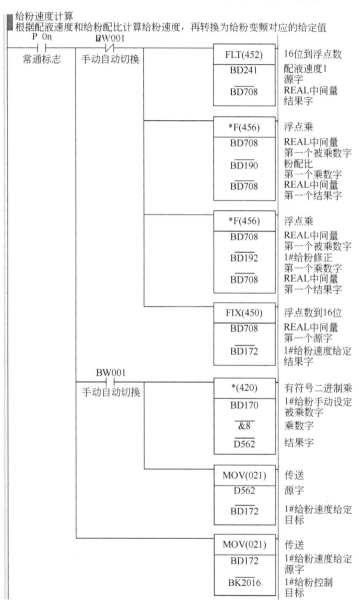

图9-36　液添装置给粉速度控制程序

（2）液添泵变频器

液添泵变频器速度控制根据设定流量和流量计反馈流量的偏差进行调节，液添装置液添速度控制程序见图9-37，没有使用PID，而是根据偏差增减频率值，偏差越大增减值越大，实际测试和 PID 控制效果接近。图中只给出 1#液添泵变频器的速度控制，其他液添泵变频器的速度控制与此类似。

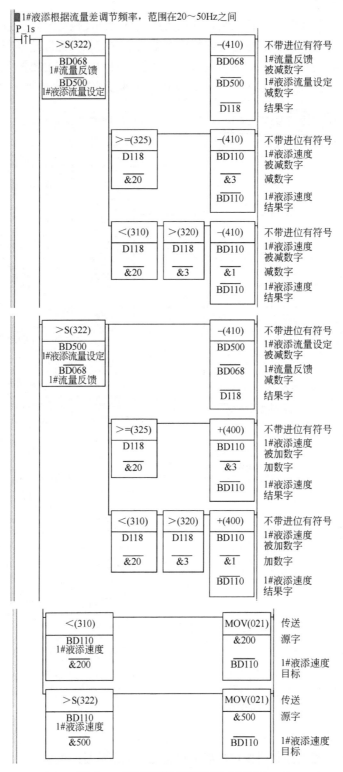

图 9-37　液添装置液添速度控制程序

（3）排液泵变频器

液添装置排液速度控制程序见图 9-38，排液泵液位控制使用变频内部 PID，反馈值来自模拟量输出模块，通信控制 PID 设定值。

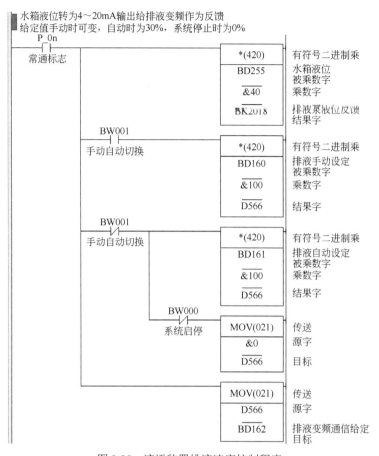

图 9-38　液添装置排液速度控制程序

9.6 触摸屏程序设计

9.6.1 控制界面

触摸屏程序界面分主界面和手动界面，主界面见图 9-39，底部切换开关指向"系统"按钮时为自动状态，指向"手动"按钮时为手动状态，自动状态时先设定水泵流量、配液量、配比，然后单击"系统"，系统按设定值自动开始工作，当完成设定配液量时自动停止。水泵流量设为 0 时对应水泵不会启动，粉配比设为 0 时不会下粉，液添配比为零时对应液添不会启动，运行过程中界面会实时显示运行参数。

主界面中自动状态无法进入手动界面，在手动状态单击"手动"按钮进入如图 9-40 所示手动界面，手动界面主要用于调试和设备单独试运，直接设定运行参数，用按钮启停设备。在手动界面单击"主界面"返回主界面。

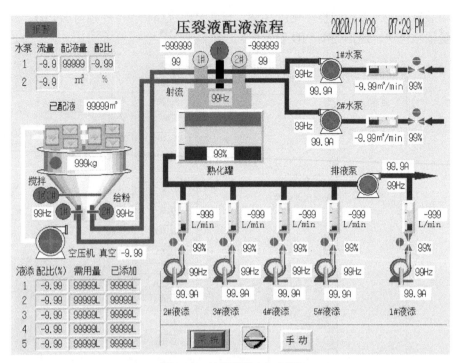

图 9-39　触摸屏程序主界面

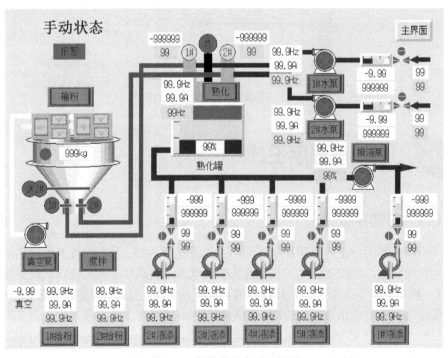

图 9-40　触摸屏程序手动界面

界面设计完成后编辑变量，在两个 PLC 程序符号表中选择需要的变量拖拽到触摸屏变量表中，把界面上控件和变量对应上并调整参数设置。

9.6.2 报警界面

当系统有报警时，主界面或手动界面中的"报警"按钮会闪烁，单击"报警"按钮进入如图 9-41 所示报警界面，显示当前报警信息，变频有故障时界面底部会显示故障码。

触摸屏程序设计完成后可先在 PLC 程序上启动整体模拟，进行初步测试，然后可以传输到触摸屏上实际测试，最终要通过交换机连接 PLC，进行总体调试。

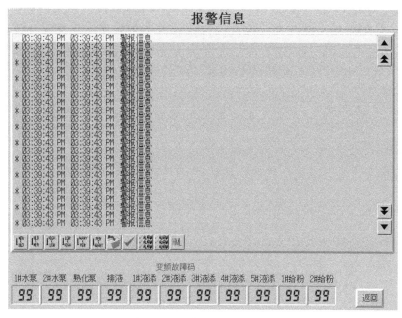

图 9-41　触摸屏程序报警界面

参考文献

[1] 申英霞. 轻松学通欧姆龙 PLC 技术. 北京：化学工业出版社，2015.

[2] 陈忠平，戴维，等. 欧姆龙 CP1H 系列 PLC 完全自学手册. 第 2 版. 北京：化学工业出版社，2018.

[3] 公利滨. 欧姆龙 PLC 应用基础与编程实践. 北京：中国电力出版社，2019.

[4] 刘艳伟，张凌寒，等. 欧姆龙 PLC 编程指令与梯形图快速入门. 第 3 版. 北京：电子工业出版社，2018.

[5] 文杰. 欧姆龙 PLC 电气设计与编程自学宝典. 北京：中国电力出版社，2015.